危险化学品目录汇编

第二版

应急管理部化学品登记中心
中国石油化工股份有限公司青岛安全工程研究院　组织编写
化学品安全控制国家重点实验室

化学工业出版社
·北京·

《危险化学品目录汇编》（第二版）收录了近年来应急管理部、公安部、生态环境部、卫生健康委等颁布的各种化学品目录，包括危险化学品目录（2015 版）、重点监管的危险化学品名录（2013 年完整版）、特别管控危险化学品目录（第一版）、各类监控化学品名录、列入第三类监控化学品的新增品种清单、高毒物品目录（2003 年版）、易制毒化学品的分类和品种目录、易制爆危险化学品名录（2017 年版）、禁止进口货物目录（第六批）、禁止出口货物目录（第三批）、中国严格限制的有毒化学品名录（2020 年）、优先控制化学品名录（第一批）、优先控制化学品名录（第二批）、有毒有害大气污染物名录（2018 年）、有毒有害水污染物名录（第一批）、职业病危害因素分类目录、内河禁运危险化学品目录（2019 版）等。

《危险化学品目录汇编》（第二版）可供危险化学品生产、经营、使用、运输、储存及其废弃物处置的生产经营单位的技术人员和管理人员，以及危险化学品管理、监督的部门和人员参考使用。

图书在版编目（CIP）数据

危险化学品目录汇编/应急管理部化学品登记中心，中国石油化工股份有限公司青岛安全工程研究院，化学品安全控制国家重点实验室组织编写. —2 版. —北京：化学工业出版社，2019.6（2023.1 重印）
ISBN 978-7-122-34067-2

Ⅰ.①危… Ⅱ.①应…②中…③化… Ⅲ.①化工产品-危险品-工业产品目录-中国 Ⅳ.①TQ086.5-63

中国版本图书馆 CIP 数据核字（2019）第 049578 号

责任编辑：杜进祥　高　震　　　文字编辑：丁建华
责任校对：宋　夏　　　　　　　装帧设计：韩　飞

出版发行：化学工业出版社（北京市东城区青年湖南街 13 号　邮政编码 100011）
印　　装：涿州市般润文化传播有限公司
787mm×1092mm　1/16　印张 10　字数 238 千字　2023 年 1 月北京第 2 版第 5 次印刷

购书咨询：010-64518888　　　售后服务：010-64518899
网　　址：http://www.cip.com.cn
凡购买本书，如有缺损质量问题，本社销售中心负责调换。

定　　价：88.00 元

《危险化学品目录汇编》（第二版）编审人员

陈金合　慕晶霞　陈　军　郭宗舟　郭　帅

刘艳萍　刘小萌　石燕燕　李　菁　翟良云

纪国峰　孙吉胜　姜　迎　李运才　郭秀云

曹永友　牟善军　孙万付

前　言

《危险化学品目录汇编》自2015年出版发行以来，为危险化学品生产、经营、使用、运输、储存及其废弃物处置单位的技术人员和管理人员提供了一本实用的参考工具书，受到了从业人员的广泛好评。

近年来，尤其是天津港8·12事故之后，我国各部委对化学品的管理不断深入，制度目录更加健全。为满足化学品安全管理的需要，适应我国化学品管理的新要求，同时根据读者的建议，我们对本书进行了修订。删除了有重复性的《国际核查易制毒化学品管理目录》、已经废止的《重点环境管理危险化学品目录》等，增加了作业场所需重点关注的《职业病危害因素分类目录》、新发布的《有毒有害水污染物名录》、《优先控制化学品名录（第二批）》等，汇总更新了《各类监控化学品名录》等，使本书指导性、实用性更强。

在本书的编写过程中，得到了很多专家的支持，提出了不少宝贵意见和建议，在此表示衷心感谢。书中存在的疏漏和不足，敬请批评指正（应急管理部化学品登记中心，电话0532-83786460，网址http://www.nrcc.com.cn）。

编者

2022年1月

第一版前言

当今社会，人类的生产和生活离不开化学品。化学品广泛应用于工农业生产和人民日常生活，对于社会经济发展、人民生活质量提高发挥着基础支撑作用。目前，全球已知化学品达 9300 万种之多，在市场上流通的已超过 10 万种。我国已经成为世界上最大的化学品生产商，共有危险化学品生产企业 2.3 万家，生产各种化学品 5 万多种。

但是，化学品种类繁多、性质复杂，在生产、经营、储存、运输、使用及其废弃物处置过程中稍有疏漏，就会对安全、健康和生态环境造成危害。近年来，化学品事故时有发生，同时，由于职业接触、农药残留以及环境污染等原因，有毒化学品还对人类健康造成极大威胁。因此，如何最大限度地加强对化学品，特别是危险化学品的管理，保障其在生产、经营、运输、使用及其废弃物处置过程中的安全性，消除或者降低其产生危害、污染的风险，已经引起世界各国的高度重视。

《危险化学品安全管理条例》（国务院令第 591 号）规定，危险化学品是指具有毒害、腐蚀、爆炸、燃烧、助燃等性质，对人体、设施、环境具有危害的剧毒化学品和其他化学品。危险化学品目录，由国务院安全生产监督管理部门会同国务院工业和信息化、公安、环境保护、卫生、质量监督检验检疫、交通运输、铁路、民用航空、农业主管部门，根据化学品危险特性的鉴别和分类标准确定、公布，并适时调整。

按照《危险化学品安全管理条例》（国务院令第 591 号）有关规定，2015 年 2 月 27 日，安全监管总局会同工业和信息化部、公安部、环境保护部、交通运输部、农业部、国家卫生计生委、质检总局、铁路局、民航局制定了《危险化学品目录（2015 版）》。

为了方便从事危险化学品生产、经营、使用、运输、储存及其废弃物处置的生产经营单位的技术人员和管理人员使用，我们收录了近年来安全监管总局、公安部、环境保护部、商务部、卫生部、民航局等颁布的各种化学品目录，汇编了这本《危险化学品目录汇编》。

书中 CAS 是 Chemical Abstract Service 的缩写。CAS 号是美国化学文摘社对化学品登录的检索服务号，是对化学品的唯一登记号，该号是检索化学品有关信息资料最常用的编号。UN 号是联合国《关于危险货物运输的建议书》对危险货物制订的编号。

在本书的编写过程中，得到了很多专家的支持，提出了不少宝贵意见和建议，在此表示衷心感谢。书中存在的疏漏和不足，敬请批评指正（国家安全生产监督管理总局化学品登记中心网址 http://www.nrcc.com.cn，邮箱 ccchem@163.net，电话 0532-83786460）。

编者

2015 年 4 月

目　　录

危险化学品目录（2015 版）[1]

（安全监管总局、工业和信息化部、公安部、环境保护部、交通运输部、农业部、
卫生计生委、质检总局、铁路局、民航局，
公告 2015 年第 5 号，2015 年 2 月 27 日）

说 明

一、危险化学品的定义和确定原则

定义：具有毒害、腐蚀、爆炸、燃烧、助燃等性质，对人体、设施、环境具有危害的剧毒化学品和其他化学品。

确定原则：危险化学品的品种依据化学品分类和标签国家标准，从下列危险和危害特性类别中确定：

1. 物理危险

爆炸物：不稳定爆炸物、1.1、1.2、1.3、1.4。

易燃气体：类别 1、类别 2、化学不稳定性气体类别 A、化学不稳定性气体类别 B。

气溶胶（又称气雾剂）：类别 1。

氧化性气体：类别 1。

加压气体：压缩气体、液化气体、冷冻液化气体、溶解气体。

易燃液体：类别 1、类别 2、类别 3。

易燃固体：类别 1、类别 2。

自反应物质和混合物：A 型、B 型、C 型、D 型、E 型。

自燃液体：类别 1。

自燃固体：类别 1。

自热物质和混合物：类别 1、类别 2。

遇水放出易燃气体的物质和混合物：类别 1、类别 2、类别 3。

氧化性液体：类别 1、类别 2、类别 3。

氧化性固体：类别 1、类别 2、类别 3。

有机过氧化物：A 型、B 型、C 型、D 型、E 型、F 型。

金属腐蚀物：类别 1。

2. 健康危害

急性毒性：类别 1、类别 2、类别 3。

皮肤腐蚀/刺激：类别 1A、类别 1B、类别 1C、类别 2。

---

[1]《危险化学品名录（2002 版）》《剧毒化学品目录（2002 年版）》同时废止。

严重眼损伤/眼刺激：类别1、类别2A、类别2B。

呼吸道或皮肤致敏：呼吸道致敏物1A、呼吸道致敏物1B、皮肤致敏物1A、皮肤致敏物1B。

生殖细胞致突变性：类别1A、类别1B、类别2。

致癌性：类别1A、类别1B、类别2。

生殖毒性：类别1A、类别1B、类别2、附加类别。

特异性靶器官毒性-一次接触：类别1、类别2、类别3。

特异性靶器官毒性-反复接触：类别1、类别2。

吸入危害：类别1。

3. 环境危害

危害水生环境-急性危害：类别1、类别2。危害水生环境-长期危害：类别1、类别2、类别3。

危害臭氧层：类别1。

二、剧毒化学品的定义和判定界限

定义：具有剧烈急性毒性危害的化学品，包括人工合成的化学品及其混合物和天然毒素，还包括具有急性毒性易造成公共安全危害的化学品。

剧烈急性毒性判定界限：急性毒性类别1，即满足下列条件之一：大鼠实验，经口LD_{50}≤5mg/kg，经皮LD_{50}≤50mg/kg，吸入（4h）LC_{50}≤100mL/m^3（气体）或0.5mg/L（蒸气）或0.05mg/L（尘、雾）。经皮LD_{50}的实验数据，也可使用兔实验数据。

三、《危险化学品目录》各栏目的含义

（一）“序号”是指《危险化学品目录》中化学品的顺序号。

（二）“品名”是指根据《化学命名原则》(1980) 确定的名称。

（三）“别名”是指除“品名”以外的其他名称，包括通用名、俗名等。

（四）“CAS号”是指美国化学文摘社对化学品的唯一登记号。

（五）“备注”是对剧毒化学品的特别注明。

四、其他事项

（一）《危险化学品目录》按“品名”汉字的汉语拼音排序。

（二）《危险化学品目录》中除列明的条目外，无机盐类同时包括无水和含有结晶水的化合物。

（三）序号2828是类属条目，《危险化学品目录》中除列明的条目外，符合相应条件的，属于危险化学品。

（四）《危险化学品目录》中除混合物之外无含量说明的条目，是指该条目的工业产品或者纯度高于工业产品的化学品，用作农药用途时，是指其原药。

（五）《危险化学品目录》中的农药条目结合其物理危险性、健康危害、环境危害及农药管理情况综合确定。

序号	品名	别名	CAS号	备注
1	阿片	鸦片	8008-60-4	

续表

序号	品名	别名	CAS号	备注
2	氨	液氨;氨气	7664-41-7	
3	5-氨基-1,3,3-三甲基环己甲胺	异佛尔酮二胺;3,3,5-三甲基-4,6-二氨基-2-烯环己酮;1-氨基-3-氨基甲基-3,5,5-三甲基环己烷	2855-13-2	
4	5-氨基-3-苯基-1-[双(*N*,*N*-二甲基氨基氧膦基)]-1,2,4-三唑[含量>20%]	威菌磷	1031-47-6	剧毒
5	4-[3-氨基-5-(1-甲基胍基)戊酰氨基]-1-[4-氨基-2-氧代-1(2*H*)-嘧啶基]-1,2,3,4-四脱氧-*β*,D赤己-2-烯吡喃糖醛酸	灰瘟素	2079-00-7	
6	4-氨基-*N*,*N*-二甲基苯胺	*N*,*N*-二甲基对苯二胺;对氨基-*N*,*N*-二甲基苯胺	99-98-9	
7	2-氨基苯酚	邻氨基苯酚	95-55-6	
8	3-氨基苯酚	间氨基苯酚	591-27-5	
9	4-氨基苯酚	对氨基苯酚	123-30-8	
10	3-氨基苯甲腈	间氨基苯甲腈;氰化氨基苯	2237-30-1	
11	2-氨基苯胂酸	邻氨基苯胂酸	2045-00-3	
12	3-氨基苯胂酸	间氨基苯胂酸	2038-72-4	
13	4-氨基苯胂酸	对氨基苯胂酸	98-50-0	
14	4-氨基苯胂酸钠	对氨基苯胂酸钠	127-85-5	
15	2-氨基吡啶	邻氨基吡啶	504-29-0	
16	3-氨基吡啶	间氨基吡啶	462-08-8	
17	4-氨基吡啶	对氨基吡啶;4-氨基氮杂苯;对氨基氮苯;*γ*-吡啶胺	504-24-5	
18	1-氨基丙烷	正丙胺	107-10-8	
19	2-氨基丙烷	异丙胺	75-31-0	
20	3-氨基丙烯	烯丙胺	107-11-9	剧毒
21	4-氨基二苯胺	对氨基二苯胺	101-54-2	
22	氨基胍重碳酸盐		2582-30-1	
23	氨基化钙	氨基钙	23321-74-6	
24	氨基化锂	氨基锂	7782-89-0	
25	氨基磺酸		5329-14-6	
26	5-(氨基甲基)-3-异噁唑醇	3-羟基-5-氨基甲基异噁唑;蝇蕈醇	2763-96-4	
27	氨基甲酸胺		1111-78-0	
28	(2-氨基甲酰氧乙基)三甲基氯化铵	氯化氨甲酰胆碱;卡巴考	51-83-2	
29	3-氨基喹啉		580-17-6	
30	2-氨基联苯	邻氨基联苯;邻苯基苯胺	90-41-5	

续表

序号	品名	别名	CAS号	备注
31	4-氨基联苯	对氨基联苯;对苯基苯胺	92-67-1	
32	1-氨基乙醇	乙醛合氨	75-39-8	
33	2-氨基乙醇	乙醇胺;2-羟基乙胺	141-43-5	
34	2-(2-氨基乙氧基)乙醇		929-06-6	
35	氨溶液[含氨＞10%]	氨水	1336-21-6	
36	N-氨基乙基哌嗪	1-哌嗪乙胺;N-(2-氨基乙基)哌嗪;2-(1-哌嗪基)乙胺	140-31-8	
37	八氟-2-丁烯	全氟-2-丁烯	360-89-4	
38	八氟丙烷	全氟丙烷	76-19-7	
39	八氟环丁烷	RC318	115-25-3	
40	八氟异丁烯	全氟异丁烯;1,1,3,3,3-五氟-2-(三氟甲基)-1-丙烯	382-21-8	剧毒
41	八甲基焦磷酰胺	八甲磷	152-16-9	剧毒
42	1,3,4,5,6,7,8,8-八氯-1,3,3a,4,7,7a-六氢-4,7-甲撑异苯并呋喃[含量＞1%]	八氯六氢亚甲基苯并呋喃;碳氯灵	297-78-9	剧毒
43	1,2,4,5,6,7,8,8-八氯-2,3,3a,4,7,7a-六氢-4,7-亚甲基茚	氯丹	57-74-9	
44	八氯莰烯	毒杀芬	8001-35-2	
45	八溴联苯		27858-07-7	
46	白磷	黄磷	12185-10-3	
47	钡	金属钡	7440-39-3	
48	钡合金			
49	苯	纯苯	71-43-2	
50	苯-1,3-二磺酰肼[糊状,浓度52%]		4547-70-0	
51	苯胺	氨基苯	62-53-3	
52	苯并呋喃	氧茚;香豆酮;古马隆	271-89-6	
53	1,2-苯二胺	邻苯二胺;1,2-二氨基苯	95-54-5	
54	1,3-苯二胺	间苯二胺;1,3-二氨基苯	108-45-2	
55	1,4-苯二胺	对苯二胺;1,4-二氨基苯;乌尔丝D	106-50-3	
56	1,2-苯二酚	邻苯二酚	120-80-9	
57	1,3-苯二酚	间苯二酚;雷琐酚	108-46-3	
58	1,4-苯二酚	对苯二酚;氢醌	123-31-9	
59	1,3-苯二磺酸溶液		98-48-6	
60	苯酚	酚;石炭酸	108-95-2	
	苯酚溶液			
61	苯酚二磺酸硫酸溶液			

续表

序号	品名	别名	CAS号	备注
62	苯酚磺酸		1333-39-7	
63	苯酚钠	苯氧基钠	139-02-6	
64	苯磺酰肼	发泡剂BSH	80-17-1	
65	苯磺酰氯	氯化苯磺酰	98-09-9	
66	4-苯基-1-丁烯		768-56-9	
67	*N*-苯基-2-萘胺	防老剂D	135-88-6	
68	2-苯基丙烯	异丙烯基苯;α-甲基苯乙烯	98-83-9	
69	2-苯基苯酚	邻苯基苯酚	90-43-7	
70	苯基二氯硅烷	二氯苯基硅烷	1631-84-1	
71	苯基硫醇	苯硫酚;巯基苯;硫代苯酚	108-98-5	剧毒
72	苯基氢氧化汞	氢氧化苯汞	100-57-2	
73	苯基三氯硅烷	苯代三氯硅烷	98-13-5	
74	苯基溴化镁[浸在乙醚中的]		100-58-3	
75	苯基氧氯化膦	苯磷酰二氯	824-72-6	
76	*N*-苯基乙酰胺	乙酰苯胺;退热冰	103-84-4	
77	*N*-苯甲基-*N*-(3,4-二氯基本)-DL-丙氨酸乙酯	新燕灵	22212-55-1	
78	苯甲腈	氰化苯;苯基氰;氰基苯;苄腈	100-47-0	
79	苯甲醚	茴香醚;甲氧基苯	100-66-3	
80	苯甲酸汞	安息香酸汞	583-15-3	
81	苯甲酸甲酯	尼哦油	93-58-3	
82	苯甲酰氯	氯化苯甲酰	98-88-4	
83	苯甲氧基磺酰氯			
84	苯肼	苯基联胺	100-63-0	
85	苯胩化二氯	苯胩化氯;二氯化苯胩	622-44-6	
86	苯醌		106-51-4	
87	苯硫代二氯化膦	苯硫代磷酰二氯;硫代二氯化膦苯	3497-00-5	
88	苯胂化二氯	二氯化苯胂;二氯苯胂	696-28-6	剧毒
89	苯胂酸		98-05-5	
90	苯四甲酸酐	均苯四甲酸酐	89-32-7	
91	苯乙醇腈	苯甲氰醇;扁桃腈	532-28-5	
92	*N*-(苯乙基-4-哌啶基)丙酰胺柠檬酸盐	枸橼酸芬太尼	990-73-8	
93	2-苯乙基异氰酸酯		1943-82-4	
94	苯乙腈	氰化苄;苄基氰	140-29-4	
95	苯乙炔	乙炔苯	536-74-3	

续表

序号	品名	别名	CAS 号	备注
96	苯乙烯[稳定的]	乙烯苯	100-42-5	
97	苯乙酰氯		103-80-0	
98	吡啶	氮杂苯	110-86-1	
99	1-(3-吡啶甲基)-3-(4-硝基苯基)脲	1-(4-硝基苯基)-3-(3-吡啶基甲基)脲；灭鼠优	53558-25-1	剧毒
100	吡咯	一氮二烯五环；氮杂茂	109-97-7	
101	2-吡咯酮		616-45-5	
102	4-[苄基(乙基)氨基]-3-乙氧基苯重氮氯化锌盐			
103	*N*-苄基-*N*-乙基苯胺	*N*-乙基-*N*-苄基苯胺；苄乙基苯胺	92-59-1	
104	2-苄基吡啶	2-苯甲基吡啶	101-82-6	
105	4-苄基吡啶	4-苯甲基吡啶	2116-65-6	
106	苄硫醇	α-甲苯硫醇	100-53-8	
107	变性乙醇	变性酒精		
108	(1*R*,2*R*,4*R*)-冰片-2-硫氰基醋酸酯	敌稻瘟	115-31-1	
109	丙胺氟磷	*N*,*N*′-氟磷酰二异丙胺；双(二异丙氨基)磷酰氟	371-86-8	
110	1-丙醇	正丙醇	71-23-8	
111	2-丙醇	异丙醇	67-63-0	
112	1,2-丙二胺	1,2-二氨基丙烷；丙邻二胺	78-90-0	
113	1,3-丙二胺	1,3-二氨基丙烷	109-76-2	
114	丙二醇乙醚	1-乙氧基-2-丙醇	1569-02-4	
115	丙二腈	二氰甲烷；氰化亚甲基；缩苹果腈	109-77-3	
116	丙二酸铊	丙二酸亚铊	2757-18-8	
117	丙二烯[稳定的]		463-49-0	
118	丙二酰氯	缩苹果酰氯	1663-67-8	
119	丙基三氯硅烷		141-57-1	
120	丙基胂酸	丙胂酸	107-34-6	
121	丙腈	乙基氰	107-12-0	剧毒
122	丙醛		123-38-6	
123	2-丙炔-1-醇	丙炔醇；炔丙醇	107-19-7	剧毒
124	丙炔和丙二烯混合物[稳定的]	甲基乙炔和丙二烯混合物	59355-75-8	
125	丙炔酸		471-25-0	
126	丙酸		79-09-4	
127	丙酸酐	丙酐	123-62-6	
128	丙酸甲酯		554-12-1	

续表

序号	品名	别名	CAS号	备注
129	丙酸烯丙酯		2408-20-0	
130	丙酸乙酯		105-37-3	
131	丙酸异丙酯	丙酸-1-甲基乙基酯	637-78-5	
132	丙酸异丁酯	丙酸-2-甲基丙酯	540-42-1	
133	丙酸异戊酯		105-68-0	
134	丙酸正丁酯		590-01-2	
135	丙酸正戊酯		624-54-4	
136	丙酸仲丁酯		591-34-4	
137	丙酮	二甲基酮	67-64-1	
138	丙酮氰醇	丙酮合氰化氢;2-羟基异丁腈;氰丙醇	75-86-5	剧毒
139	丙烷		74-98-6	
140	丙烯		115-07-1	
141	2-丙烯-1-醇	烯丙醇;蒜醇;乙烯甲醇	107-18-6	剧毒
142	2-丙烯-1-硫醇	烯丙基硫醇	870-23-5	
143	2-丙烯腈[稳定的]	丙烯腈;乙烯基氰;氰基乙烯	107-13-1	
144	丙烯醛[稳定的]	烯丙醛;败脂醛	107-02-8	
145	丙烯酸[稳定的]		79-10-7	
146	丙烯酸-2-硝基丁酯		5390-54-5	
147	丙烯酸甲酯[稳定的]		96-33-3	
148	丙烯酸羟丙酯		2918-23-2	
149	2-丙烯酸-1,1-二甲基乙基酯	丙烯酸叔丁酯	1663-39-4	
150	丙烯酸乙酯[稳定的]		140-88-5	
151	丙烯酸异丁酯[稳定的]		106-63-8	
152	2-丙烯酸异辛酯		29590-42-9	
153	丙烯酸正丁酯[稳定的]		141-32-2	
154	丙烯酰胺		79-06-1	
155	丙烯亚胺	2-甲基氮丙啶;2-甲基乙撑亚胺;丙撑亚胺	75-55-8	剧毒
156	丙酰氯	氯化丙酰	79-03-8	
157	草酸-4-氨基-*N*,*N*-二甲基苯胺	*N*,*N*-二甲基对苯二胺草酸;对氨基-*N*,*N*-二甲基苯胺草酸	24631-29-6	
158	草酸汞		3444-13-1	
159	超氧化钾		12030-88-5	
160	超氧化钠		12034-12-7	
161	次磷酸		6303-21-5	
162	次氯酸钡[含有效氯>22%]		13477-10-6	
163	次氯酸钙		7778-54-3	

续表

序号	品名	别名	CAS 号	备注
164	次氯酸钾溶液[含有效氯>5%]		7778-66-7	
165	次氯酸锂		13840-33-0	
166	次氯酸钠溶液[含有效氯>5%]		7681-52-9	
167	粗苯	动力苯;混合苯		
168	粗蒽			
169	醋酸三丁基锡		56-36-0	
170	代森锰		12427-38-2	
171	单过氧马来酸叔丁酯[含量>52%]		1931-62-0	
	单过氧马来酸叔丁酯[含量≤52%，惰性固体含量≥48%]			
	单过氧马来酸叔丁酯[含量≤52%，含A型稀释剂[①]≥48%]			
	单过氧马来酸叔丁酯[含量≤52%，糊状物]			
172	氮[压缩的或液化的]		7727-37-9	
173	氮化锂		26134-62-3	
174	氮化镁		12057-71-5	
175	10-氮杂蒽	吖啶	260-94-6	
176	氘	重氢	7782-39-0	
177	地高辛	地戈辛;毛地黄叶毒苷	20830-75-5	
178	碲化镉		1306-25-8	
179	3-碘-1-丙烯	3-碘丙烯;烯丙基碘;碘代烯丙基	556-56-9	
180	1-碘-2-甲基丙烷	异丁基碘;碘代异丁烷	513-38-2	
181	2-碘-2-甲基丙烷	叔丁基碘;碘代叔丁烷	558-17-8	
182	1-碘-3-甲基丁烷	异戊基碘;碘代异戊烷	541-28-6	
183	4-碘苯酚	4-碘酚;对碘苯酚	540-38-5	
184	1-碘丙烷	正丙基碘;碘代正丙烷	107-08-4	
185	2-碘丙烷	异丙基碘;碘代异丙烷	75-30-9	
186	1-碘丁烷	正丁基碘;碘代正丁烷	542-69-8	
187	2-碘丁烷	仲丁基碘;碘代仲丁烷	513-48-4	
188	碘化钾汞	碘化汞钾	7783-33-7	
189	碘化氢[无水]		10034-85-2	
190	碘化亚汞	一碘化汞	15385-57-6	
191	碘化亚铊	一碘化铊	7790-30-9	
192	碘化乙酰	碘乙酰;乙酰碘	507-02-8	
193	碘甲烷	甲基碘	74-88-4	
194	碘酸		7782-68-5	

续表

序号	品名	别名	CAS号	备注
195	碘酸铵		13446-09-8	
196	碘酸钡		10567-69-8	
197	碘酸钙	碘钙石	7789-80-2	
198	碘酸镉		7790-81-0	
199	碘酸钾		7758-05-6	
200	碘酸钾合一碘酸	碘酸氢钾;重碘酸钾	13455-24-8	
201	碘酸钾合二碘酸			
202	碘酸锂		13765-03-2	
203	碘酸锰		25659-29-4	
204	碘酸钠		7681-55-2	
205	碘酸铅		25659-31-8	
206	碘酸锶		13470-01-4	
207	碘酸铁		29515-61-5	
208	碘酸锌		7790-37-6	
209	碘酸银		7783-97-3	
210	1-碘戊烷	正戊基碘;碘代正戊烷	628-17-1	
211	碘乙酸	碘醋酸	64-69-7	
212	碘乙酸乙酯		623-48-3	
213	碘乙烷	乙基碘	75-03-6	
214	电池液[酸性的]			
215	电池液[碱性的]			
216	叠氮化钡	叠氮钡	18810-58-7	
217	叠氮化钠	三氮化钠	26628-22-8	剧毒
218	叠氮化铅[含水或水加乙醇≥20%]		13424-46-9	
219	2-丁醇	仲丁醇	78-92-2	
220	丁醇钠	丁氧基钠	2372-45-4	
221	1,4-丁二胺	1,4-二氨基丁烷;四亚甲基二胺;腐肉碱	110-60-1	
222	丁二腈	1,2-二氰基乙烷;琥珀腈	110-61-2	
223	1,3-丁二烯[稳定的]	联乙烯	106-99-0	
224	丁二酰氯	氯化丁二酰;琥珀酰氯	543-20-4	
225	丁基甲苯			
226	丁基磷酸	酸式磷酸丁酯	12788-93-1	
227	2-丁基硫醇	仲丁硫醇	513-53-1	
228	丁基三氯硅烷		7521-80-4	
229	丁醛肟		110-69-0	
230	1-丁炔[稳定的]	乙基乙炔	107-00-6	

续表

序号	品名	别名	CAS号	备注
231	2-丁炔	巴豆炔；二甲基乙炔	503-17-3	
232	1-丁炔-3-醇		2028-63-9	
233	丁酸丙烯酯	丁酸烯丙酯；丁酸-2-丙烯酯	2051-78-7	
234	丁酸酐		106-31-0	
235	丁酸正戊酯	丁酸戊酯	540-18-1	
236	2-丁酮	丁酮；乙基甲基酮；甲乙酮	78-93-3	
237	2-丁酮肟		96-29-7	
238	1-丁烯		106-98-9	
239	2-丁烯		107-01-7	
240	2-丁烯-1-醇	巴豆醇；丁烯醇	6117-91-5	
241	3-丁烯-2-酮	甲基乙烯基酮；丁烯酮	78-94-4	剧毒
242	丁烯二酰氯[反式]	富马酰氯	627-63-4	
243	3-丁烯腈	烯丙基氰	109-75-1	
244	2-丁烯腈[反式]	巴豆腈；丙烯基氰	4786-20-3	
245	2-丁烯醛	巴豆醛；β-甲基丙烯醛	4170-30-3	
246	2-丁烯酸	巴豆酸	3724-65-0	
247	丁烯酸甲酯	巴豆酸甲酯	623-43-8	
248	丁烯酸乙酯	巴豆酸乙酯	623-70-1	
249	2-丁氧基乙醇	乙二醇丁醚；丁基溶纤剂	111-76-2	
250	毒毛旋花苷 G	羊角拗质	630-60-4	
251	毒毛旋花苷 K		11005-63-3	
252	杜廷	羟基马桑毒内酯；马桑苷	2571-22-4	
253	短链氯化石蜡(C_{10-13})	C_{10-13}氯代烃	85535-84-8	
254	对氨基苯磺酸	4-氨基苯磺酸	121-57-3	
255	对苯二甲酰氯		100-20-9	
256	对甲苯磺酰氯		98-59-9	
257	对硫氰酸苯胺	对硫氰基苯胺；硫氰酸对氨基苯酯	15191-25-0	
258	1-(对氯苯基)-2,8,9-三氧-5-氮-1-硅双环(3,3,3)十二烷	毒鼠硅；氯硅宁；硅灭鼠	29025-67-0	剧毒
259	对氯苯硫醇	4-氯硫酚；对氯硫酚	106-54-7	
260	对蓋基化过氧氢[72%＜含量≤100%] 对蓋基化过氧氢[含量≤72%，含A型稀释剂[①]≥28%]	对蓋基过氧化氢	39811-34-2	
261	对壬基酚		104-40-5	
262	对硝基苯酚钾	对硝基酚钾	1124-31-8	
263	对硝基苯酚钠	对硝基酚钠	824-78-2	

续表

<table>
<tr><th>序号</th><th>品名</th><th>别名</th><th>CAS号</th><th>备注</th></tr>
<tr><td>264</td><td>对硝基苯磺酸</td><td></td><td>138-42-1</td><td></td></tr>
<tr><td>265</td><td>对硝基苯甲酰肼</td><td></td><td>636-97-5</td><td></td></tr>
<tr><td>266</td><td>对硝基乙苯</td><td></td><td>100-12-9</td><td></td></tr>
<tr><td>267</td><td>对异丙基苯酚</td><td>对异丙基酚</td><td>99-89-8</td><td></td></tr>
<tr><td>268</td><td>多钒酸铵</td><td>聚钒酸铵</td><td>12207-63-5</td><td></td></tr>
<tr><td>269</td><td>多聚甲醛</td><td>聚蚁醛;聚合甲醛</td><td>30525-89-4</td><td></td></tr>
<tr><td>270</td><td>多聚磷酸</td><td>四磷酸</td><td>8017-16-1</td><td></td></tr>
<tr><td>271</td><td>多硫化铵溶液</td><td></td><td>9080-17-5</td><td></td></tr>
<tr><td>272</td><td>多氯二苯并对二噁英</td><td>PCDDs</td><td></td><td></td></tr>
<tr><td>273</td><td>多氯二苯并呋喃</td><td>PCDFs</td><td></td><td></td></tr>
<tr><td>274</td><td>多氯联苯</td><td>PCBs</td><td></td><td></td></tr>
<tr><td>275</td><td>多氯三联苯</td><td></td><td>61788-33-8</td><td></td></tr>
<tr><td>276</td><td>多溴二苯醚混合物</td><td></td><td></td><td></td></tr>
<tr><td>277</td><td>苊</td><td>萘乙环</td><td>83-32-9</td><td></td></tr>
<tr><td>278</td><td>蒽醌-1-胂酸</td><td>蒽醌-α-胂酸</td><td></td><td></td></tr>
<tr><td rowspan="2">279</td><td>蒽油乳膏</td><td></td><td></td><td></td></tr>
<tr><td>蒽油乳剂</td><td></td><td></td><td></td></tr>
<tr><td>280</td><td>二-(1-羟基环己基)过氧化物[含量≤100%]</td><td></td><td>2407-94-5</td><td></td></tr>
<tr><td rowspan="2">281</td><td>二-(2-苯氧乙基)过氧重碳酸酯[85%<含量≤100%]</td><td rowspan="2"></td><td rowspan="2">41935-39-1</td><td rowspan="2"></td></tr>
<tr><td>二-(2-苯氧乙基)过氧重碳酸酯[含量≤85%,含水≥15%]</td></tr>
<tr><td>282</td><td>二(2-环氧丙基)醚</td><td>二缩水甘油醚;双环氧稀释剂;2,2′-[氧双(亚甲基)]双环氧乙烷;二环氧甘油醚</td><td>2238-07-5</td><td></td></tr>
<tr><td>283</td><td>二-(2-甲基苯甲酰)过氧化物[含量≤87%]</td><td>过氧化二-(2-甲基苯甲酰)</td><td>3034-79-5</td><td></td></tr>
<tr><td>284</td><td>二-(2-羟基-3,5,6-三氯苯基)甲烷</td><td>2,2′-亚甲基-双(3,4,6-三氯苯酚);毒菌酚</td><td>70-30-4</td><td></td></tr>
<tr><td>285</td><td>二-(2-新癸酰过氧异丙基)苯[含量≤52%,含A型稀释剂[①]≥48%]</td><td></td><td></td><td></td></tr>
<tr><td>286</td><td>二-(2-乙基己基)磷酸酯</td><td>2-乙基己基-2′-乙基己基磷酸酯</td><td>298-07-7</td><td></td></tr>
<tr><td rowspan="4">287</td><td>二-(3,5,5-三甲基己酰)过氧化物[52%<含量≤82%,含A型稀释剂[①]≥18%]</td><td rowspan="4"></td><td rowspan="4">3851-87-4</td><td rowspan="4"></td></tr>
<tr><td>二-(3,5,5-三甲基己酰)过氧化物[含量≤38%,含A型稀释剂[①]≥62%]</td></tr>
<tr><td>二-(3,5,5-三甲基己酰)过氧化物[38%<含量≤52%,含A型稀释剂[①]≥48%]</td></tr>
<tr><td>二-(3,5,5-三甲基己酰)过氧化物[含量≤52%,在水中稳定弥散]</td></tr>
</table>

续表

<table>
<tr><th>序号</th><th>品名</th><th>别名</th><th>CAS号</th><th>备注</th></tr>
<tr><td rowspan="2">288</td><td>2,2-二-[4,4-二(叔丁基过氧)环己基]丙烷[含量≤22%,含B型稀释剂②≥78%]</td><td rowspan="2"></td><td rowspan="2">1705-60-8</td><td rowspan="2"></td></tr>
<tr><td>2,2-二-[4,4-二(叔丁基过氧)环己基]丙烷[含量≤42%,含惰性固体≥58%]</td></tr>
<tr><td>289</td><td>二-(4-甲基苯甲酰)过氧化物[硅油糊状物,含量≤52%]</td><td></td><td>895-85-2</td><td></td></tr>
<tr><td rowspan="2">290</td><td>二-(4-叔丁基环己基)过氧重碳酸酯[含量≤100%]</td><td rowspan="2">过氧化二碳酸-二-(4-叔丁基环己基)酯</td><td rowspan="2">15520-11-3</td><td rowspan="2"></td></tr>
<tr><td>二-(4-叔丁基环己基)过氧重碳酸酯[含量≤42%,在水中稳定弥散]</td></tr>
<tr><td>291</td><td>二(苯磺酰肼)醚</td><td>4,4′-氧代双苯磺酰肼</td><td>80-51-3</td><td></td></tr>
<tr><td>292</td><td>1,6-二-(过氧化叔丁基-羰基氧)己烷[含量≤72%,含A型稀释剂①≥28%]</td><td></td><td>36536-42-2</td><td></td></tr>
<tr><td>293</td><td>二(氯甲基)醚</td><td>二氯二甲醚;对称二氯二甲醚;氧代二氯甲烷</td><td>542-88-1</td><td></td></tr>
<tr><td>294</td><td>二(三氯甲基)碳酸酯</td><td>三光气</td><td>32315-10-9</td><td></td></tr>
<tr><td rowspan="7">295</td><td>1,1-二-(叔丁基过氧)-3,3,5-三甲基环己烷[90%<含量≤100%]</td><td rowspan="7"></td><td rowspan="7">6731-36-8</td><td rowspan="7"></td></tr>
<tr><td>1,1-二-(叔丁基过氧)-3,3,5-三甲基环己烷[57%<含量≤90%,含A型稀释剂①≥10%]</td></tr>
<tr><td>1,1-二-(叔丁基过氧)-3,3,5-三甲基环己烷[含量≤32%,含A型稀释剂①≥26%,含B型稀释剂②≥42%]</td></tr>
<tr><td>1,1-二-(叔丁基过氧)-3,3,5-三甲基环己烷[含量≤57%,含A型稀释剂①≥43%]</td></tr>
<tr><td>1,1-二-(叔丁基过氧)-3,3,5-三甲基环己烷[含量≤57%,含惰性固体≥43%]</td></tr>
<tr><td>1,1-二-(叔丁基过氧)-3,3,5-三甲基环己烷[含量≤77%,含B型稀释剂②≥23%]</td></tr>
<tr><td>1,1-二-(叔丁基过氧)-3,3,5-三甲基环己烷[含量≤90%,含A型稀释剂①≥10%]</td></tr>
<tr><td rowspan="2">296</td><td>2,2-二-(叔丁基过氧)丙烷[含量≤42%,含A型稀释剂①≥13%,惰性固体含量≥45%]</td><td rowspan="2"></td><td rowspan="2">4262-61-7</td><td rowspan="2"></td></tr>
<tr><td>2,2-二-(叔丁基过氧)丙烷[含量≤52%,含A型稀释剂①≥48%]</td></tr>
</table>

续表

序号	品名	别名	CAS号	备注
297	3,3-二-(叔丁基过氧)丁酸乙酯[77%<含量≤100%]	3,3-双-(过氧化叔丁基)丁酸乙酯	55794-20-2	
	3,3-二-(叔丁基过氧)丁酸乙酯[含量≤52%]			
	3,3-二-(叔丁基过氧)丁酸乙酯[含量≤77%,含A型稀释剂①≥23%]			
298	2,2-二-(叔丁基过氧)丁烷[含量≤52%,含A型稀释剂①≥48%]		2167-23-9	
299	1,1-二-(叔丁基过氧)环己烷[80%<含量≤100%]	1,1-双-(过氧化叔丁基)环己烷	3006-86-8	
	1,1-二-(叔丁基过氧)环己烷[52%<含量≤80%,含A型稀释剂①≥20%]			
	1,1-二-(叔丁基过氧)环己烷[42%<含量≤52%,含A型稀释剂①≥48%]			
	1,1-二-(叔丁基过氧)环己烷[含量≤13%,含A型稀释剂①≥13%,含B型稀释剂≥74%]			
	1,1-二-(叔丁基过氧)环己烷[含量≤27%,含A型稀释剂①≥25%]			
	1,1-二-(叔丁基过氧)环己烷[含量≤42%,含A型稀释剂①≥13%,惰性固体含量≥45%]			
	1,1-二-(叔丁基过氧)环己烷[含量≤42%,含A型稀释剂①≥58%]			
	1,1-二-(叔丁基过氧)环己烷[含量≤72%,含B型稀释剂②≥28%]			
300	1,1-二-(叔丁基过氧)环己烷和过氧化(2-乙基己酸)叔丁酯的混合物[1,1-二-(叔丁基过氧)环己烷含量≤43%,过氧化(2-乙基己酸)叔丁酯含量≤16%,含A型稀释剂①≥41%]			
301	二-(叔丁基过氧)邻苯二甲酸酯[糊状,含量≤52%]			
	二-(叔丁基过氧)邻苯二甲酸酯[42%<含量≤52%,含A型稀释剂①≥48%]			
	二-(叔丁基过氧)邻苯二甲酸酯[含量≤42%,含A型稀释剂①≥58%]			
302	3,3-二-(叔戊基过氧)丁酸乙酯[含量≤67%,含A型稀释剂①≥33%]		67567-23-1	
303	2,2-二-(叔戊基过氧)丁烷[含量≤57%,含A型稀释剂①≥43%]		13653-62-8	

续表

序号	品名	别名	CAS 号	备注
304	4,4′-二氨基-3,3′-二氯二苯基甲烷		101-14-4	
305	3,3′-二氨基二丙胺	二丙三胺;3,3′-亚氨基二丙胺;三丙撑三胺	56-18-8	
306	2,4-二氨基甲苯	甲苯-2,4-二胺;2,4-甲苯二胺	95-80-7	
307	2,5-二氨基甲苯	甲苯-2,5-二胺;2,5-甲苯二胺	95-70-5	
308	2,6-二氨基甲苯	甲苯-2,6-二胺;2,6-甲苯二胺	823-40-5	
309	4,4′-二氨基联苯	联苯胺;二氨基联苯	92-87-5	
310	二氨基镁		7803-54-5	
311	二苯胺		122-39-4	
312	二苯胺硫酸溶液			
313	二苯基胺氯胂	吩吡嗪化氯;亚当氏气	578-94-9	
314	二苯基二氯硅烷	二苯二氯硅烷	80-10-4	
315	二苯基二硒		1666-13-3	
316	二苯基汞	二苯汞	587-85-9	
317	二苯基甲烷二异氰酸酯	MDI	26447-40-5	
318	二苯基甲烷-4,4′-二异氰酸酯	亚甲基双(4,1-亚苯基)二异氰酸酯;4,4′-二异氰酸二苯甲烷	101-68-8	
319	二苯基氯胂	氯化二苯胂	712-48-1	
320	二苯基镁		555-54-4	
321	2-(二苯基乙酰基)-2,3-二氢-1,3-茚二酮	2-(2,2-二苯基乙酰基)-1,3-茚满二酮;敌鼠	82-66-6	剧毒
322	二苯甲基溴	溴二苯甲烷;二苯溴甲烷	776-74-9	
323	1,1-二苯肼	不对称二苯肼	530-50-7	
324	1,2-二苯肼	对称二苯肼	122-66-7	
325	二苄基二氯硅烷		18414-36-3	
326	二丙硫醚	正丙硫醚;二丙基硫;硫化二正丙基	111-47-7	
327	二碘化苯胂	苯基二碘胂	6380-34-3	
328	二碘化汞	碘化汞;碘化高汞;红色碘化汞	7774-29-0	
329	二碘甲烷		75-11-6	
330	*N*,*N*-二丁基苯胺		613-29-6	
331	二丁基二(十二酸)锡	二丁基二月桂酸锡;月桂酸二丁基锡	77-58-7	
332	二丁基二氯化锡		683-18-1	
333	二丁基氧化锡	氧化二丁基锡	818-08-6	
334	*S*,*S*′-(1,4-二噁烷 2,3-二基)*O*,*O*,*O*′,*O*′-四乙基双(二硫代磷酸酯)	敌噁磷	78-34-2	
335	1,3-二氟-2-丙醇		453-13-4	
336	1,2-二氟苯	邻二氟苯	367-11-3	

续表

序号	品名	别名	CAS号	备注
337	1,3-二氟苯	间二氟苯	372-18-9	
338	1,4-二氟苯	对二氟苯	540-36-3	
339	1,3-二氟丙-2-醇(Ⅰ)与1-氯-3-氟丙-2-醇(Ⅱ)的混合物	鼠甘伏;甘氟	8065-71-2	剧毒
340	二氟化氧	一氧化二氟	7783-41-7	剧毒
341	二氟甲烷	R32	75-10-5	
342	二氟磷酸[无水]	二氟代磷酸	13779-41-4	
343	1,1-二氟乙烷	R152a	75-37-6	
344	1,1-二氟乙烯	R1132a;偏氟乙烯	75-38-7	
345	二甘醇双(碳酸烯丙酯)和过二碳酸二异丙酯的混合物[二甘醇双(碳酸烯丙酯)≥88%,过二碳酸二异丙酯≤12%]			
346	二环庚二烯	2,5-降冰片二烯	121-46-0	
347	二环己胺		101-83-7	
348	1,3-二磺酰肼苯		26747-93-3	
349	β-二甲氨基丙腈	2-(二甲胺基)乙基氰	1738-25-6	
350	*O*-[4-((二甲氨基)磺酰基)苯基]*O*,*O*-二甲基硫代磷酸酯	伐灭磷	52-85-7	
351	二甲氨基二氮硒杂茚			
352	二甲氨基甲酰氯		79-44-7	
353	4-二甲氨基偶氮苯-4′-胂酸	锆试剂	622-68-4	
354	二甲胺[无水]		124-40-3	
	二甲胺溶液			
355	1,2-二甲苯	邻二甲苯	95-47-6	
356	1,3-二甲苯	间二甲苯	108-38-3	
357	1,4-二甲苯	对二甲苯	106-42-3	
358	二甲苯异构体混合物		1330-20-7	
359	2,3-二甲苯酚	1-羟基-2,3-二甲基苯;2,3-二甲酚	526-75-0	
360	2,4-二甲苯酚	1-羟基-2,4-二甲基苯;2,4-二甲酚	105-67-9	
361	2,5-二甲苯酚	1-羟基-2,5-二甲基苯;2,5-二甲酚	95-87-4	
362	2,6-二甲苯酚	1-羟基-2,6-二甲基苯;2,6-二甲酚	576-26-1	
363	3,4-二甲苯酚	1-羟基-3,4-二甲基苯	95-65-8	
364	3,5-二甲苯酚	1-羟基-3,5-二甲基苯	108-68-9	
365	*O*,*O*-二甲基-(2,2,2-三氯-1-羟基乙基)膦酸酯	敌百虫	52-68-6	

续表

序号	品名	别名	CAS 号	备注
366	O,O-二甲基-O-(2,2-二氯乙烯基)磷酸酯	敌敌畏	62-73-7	
367	O,O-二甲基-O-(2-甲氧甲酰基-1-甲基)乙烯基磷酸酯[含量＞5%]	甲基-3-[(二甲氧基磷酰基)氧代]-2-丁烯酸酯;速灭磷	7786-34-7	剧毒
368	N,N-二甲基-1,3-丙二胺	3-二甲氨基-1-丙胺	109-55-7	
369	4,4-二甲基-1,3-二噁烷		766-15-4	
370	2,5-二甲基-1,4-二噁烷		15176-21-3	
371	2,5-二甲基-1,5-己二烯		627-58-7	
372	2,5-二甲基-2,4-己二烯		764-13-6	
373	2,3-二甲基-1-丁烯		563-78-0	
374	2,5-二甲基-2,5-二-(2-乙基己酰过氧)己烷[含量≤100%]	2,5-二甲基-2,5-双-(过氧化-2-乙基己酰)己烷	13052-09-0	
375	2,5-二甲基-2,5-二-(3,5,5-三甲基己酰过氧)己烷[含量≤77%,含A型稀释剂[①]≥23%]	2,5-二甲基-2,5-双-(过氧化-3,5,5-三甲基己酰)己烷		
376	2,5-二甲基-2,5-二(叔丁基过氧)-3-己烷[52%＜含量≤86%,含A型稀释剂[①]≥14%]		1068-27-5	
	2,5-二甲基-2,5-二(叔丁基过氧)-3-己烷[86%＜含量≤100%]			
	2,5-二甲基-2,5-二(叔丁基过氧)-3-己烷[含量≤52%,含惰性固体≥48%]			
377	2,5-二甲基-2,5-二(叔丁基过氧)己烷[90%＜含量≤100%]	2,5-二甲基-2,5-双-(过氧化叔丁基)己烷	78-63-7	
	2,5-二甲基-2,5-二(叔丁基过氧)己烷[52%＜含量≤90%,含A型稀释剂[①]≥10%]			
	2,5-二甲基-2,5-二(叔丁基过氧)己烷[含量≤52%,含A型稀释剂[①]≥48%]			
	2,5-二甲基-2,5-二(叔丁基过氧)己烷[含量≤77%]			
	2,5-二甲基-2,5-二(叔丁基过氧)己烷[糊状物,含量≤47%]			
378	2,5-二甲基-2,5-二氢过氧化己烷[含量≤82%]	2,5-二甲基-2,5-过氧化二氢己烷	3025-88-5	
379	2,5-二甲基-2,5-双(苯甲酰过氧)己烷[82%＜含量≤100%]	2,5-二甲基-2,5-双-(过氧化苯甲酰)己烷	2618-77-1	
	2,5-二甲基-2,5-双(苯甲酰过氧)己烷[含量≤82%,惰性固体含量≥18%]			
	2,5-二甲基-2,5-双(苯甲酰过氧)己烷[含量≤82%,含水≥18%]			

续表

序号	品名	别名	CAS号	备注
380	2,5-二甲基-2,5-双-(过氧化叔丁基)-3-己炔[86%<含量≤100%]		1068-27-5	
	2,5-二甲基-2,5-双-(过氧化叔丁基)-3-己炔[含量≤52%,含惰性固体≥48%]			
	2,5-二甲基-2,5-双-(过氧化叔丁基)-3-己炔[52%<含量≤86% A型稀释剂[①]≥14%]			
381	2,3-二甲基-2-丁烯	四甲基乙烯	563-79-1	
382	3-[2-(3,5-二甲基-2-氧代环己基)-2-羟基乙基]戊二酰胺	放线菌酮	66-81-9	
383	2,6-二甲基-3-庚烯		2738-18-3	
384	2,4-二甲基-3-戊酮	二异丙基甲酮	565-80-0	
385	二甲基-4-(甲基硫代)苯基磷酸酯	甲硫磷	3254-63-5	剧毒
386	1,1′-二甲基-4,4′-联吡啶阳离子	百草枯	4685-14-7	
387	3,3′-二甲基-4,4′-二氨基联苯	邻二氨基二甲基联苯;3,3′-二甲基联苯胺	119-93-7	
388	*N*′,*N*′-二甲基-*N*′-苯基-*N*′-(氟二氯甲硫基)磺酰胺	苯氟磺胺	1085-98-9	
389	*O*,*O*-二甲基-*O*-(1,2-二溴-2,2-二氯乙基)磷酸酯	二溴磷	300-76-5	
390	*O*,*O*-二甲基-*O*-(4-甲硫基-3-甲基苯基)硫代磷酸酯	倍硫磷	55-38-9	
391	*O*,*O*-二甲基-*O*-(4-硝基苯基)硫代磷酸酯	甲基对硫磷	298-00-0	
392	(*E*)-*O*,*O*-二甲基-*O*-[1-甲基-2-(1-苯基-乙氧基甲酰)乙烯基]磷酸酯	巴毒磷	7700-17-6	
393	(*E*)-*O*,*O*-二甲基-*O*-[1-甲基-2-(二甲基氨基甲酰)乙烯基]磷酸酯[含量>25%]	3-二甲氧基磷氧基-*N*,*N*-二甲基异丁烯酰胺;百治磷	141-66-2	剧毒
394	*O*,*O*-二甲基-*O*-[1-甲基-2-(甲基氨基甲酰)乙烯基]磷酸酯[含量>0.5%]	久效磷	6923-22-4	剧毒
395	*O*,*O*-二甲基-*O*-[1-甲基-2氯-2-(二乙基氨基甲酰)乙烯基]磷酸酯	2-氯-3-(二乙氨基)-1-甲基-3-氧代-1-丙烯二甲基磷酸酯;磷胺	13171-21-6	
396	*O*,*O*-二甲基-*S*-(2,3-二氢-5-甲氧基-2-氧代-1,3,4-噻二唑-3-基甲基)二硫代磷酸酯	杀扑磷	950-37-8	
397	*O*,*O*-二甲基-*S*-(2-甲硫基乙基)二硫代磷酸酯(Ⅱ)	二硫代田乐磷	2587-90-8	
398	*O*,*O*-二甲基-*S*-(2-乙硫基乙基)二硫代磷酸酯	甲基乙拌磷	640-15-3	

续表

序号	品名	别名	CAS号	备注
399	O,O-二甲基-S-(3,4-二氢-4-氧代苯并[d]-[1,2,3]-三氮苯-3-基甲基)二硫代磷酸酯	保棉磷	86-50-0	
400	O,O-二甲基-S-(N-甲基氨基甲酰甲基)硫代磷酸酯	氧乐果	1113-02-6	
401	O,O-二甲基-S-(吗啉代甲酰甲基)二硫代磷酸酯	茂硫磷	144-41-2	
402	O,O-二甲基-S-(酞酰亚胺基甲基)二硫代磷酸酯	亚胺硫磷	732-11-6	
403	O,O-二甲基-S-(乙基氨基甲酰甲基)二硫代磷酸酯	益棉磷	2642-71-9	
404	O-O-二甲基-S-[1,2-双(乙氧基甲酰)乙基]二硫代磷酸酯	马拉硫磷	121-75-5	
405	4-N,N-二甲基氨基-3,5-二甲基苯基 N-甲基氨基甲酸酯	4-二甲氨基-3,5-二甲苯基-N-甲基氨基甲酸酯;兹克威	315-18-4	
406	4-N,N-二甲基氨基-3-甲基苯基 N-甲基氨基甲酸酯	灭害威	2032-59-9	
407	4-二甲基氨基-6-(2-二甲基氨乙基氧基)甲苯-2-重氮氯化锌盐		135072-82-1	
408	8-(二甲基氨基甲基)-7-甲氧基氨基-3-甲基黄酮	二甲弗林	1165-48-6	
409	3-二甲基氨基亚甲基亚氨基苯基-N-甲基氨基甲酸酯(或其盐酸盐)	伐虫脒	22259-30-9; 23422-53-9	
410	N,N-二甲基氨基乙腈	2-(二甲氨基)乙腈	926-64-7	剧毒
411	2,3-二甲基苯胺	1-氨基-2,3-二甲基苯	87-59-2	
412	2,4-二甲基苯胺	1-氨基-2,4-二甲基苯	95-68-1	
413	2,5-二甲基苯胺	1-氨基-2,5-二甲基苯	95-78-3	
414	2,6-二甲基苯胺	1-氨基-2,6-二甲基苯	87-62-7	
415	3,4-二甲基苯胺	1-氨基-3,4-二甲基苯	95-64-7	
416	3,5-二甲基苯胺	1-氨基-3,5-二甲基苯	108-69-0	
417	N,N-二甲基苯胺		121-69-7	
418	二甲基苯胺异构体混合物		1300-73-8	
419	3,5-二甲基苯甲酰氯		6613-44-1	
420	2,4-二甲基吡啶	2,4-二甲基氮杂苯	108-47-4	
421	2,5-二甲基吡啶	2,5-二甲基氮杂苯	589-93-5	
422	2,6-二甲基吡啶	2,6-二甲基氮杂苯	108-48-5	
423	3,4-二甲基吡啶	3,4-二甲基氮杂苯	583-58-4	
424	3,5-二甲基吡啶	3,5-二甲基氮杂苯	591-22-0	
425	N,N-二甲基苄胺	N-苄基二甲胺;苄基二甲胺	103-83-3	
426	N,N-二甲基丙胺		926-63-6	

续表

序号	品名	别名	CAS 号	备注
427	N,N-二甲基丙醇胺	3-(二甲胺基)-1-丙醇	3179-63-3	
428	2,2-二甲基丙酸甲酯	三甲基乙酸甲酯	598-98-1	
429	2,2-二甲基丙烷	新戊烷	463-82-1	
430	1,3-二甲基丁胺	2-氨基-4-甲基戊烷	108-09-8	
431	1,3-二甲基丁醇乙酸酯	乙酸仲己酯；2-乙酸-4-甲基戊酯	108-84-9	
432	2,2-二甲基丁烷	新己烷	75-83-2	
433	2,3-二甲基丁烷	二异丙基	79-29-8	
434	*O*,*O*-二甲基-对硝基苯基磷酸酯	甲基对氧磷	950-35-6	剧毒
435	二甲基二噁烷		25136-55-4	
436	二甲基二氯硅烷	二氯二甲基硅烷	75-78-5	
437	二甲基二乙氧基硅烷	二乙氧基二甲基硅烷	78-62-6	
438	2,5-二甲基呋喃	2,5-二甲基氧杂茂	625-86-5	
439	2,2-二甲基庚烷		1071-26-7	
440	2,3-二甲基庚烷		3074-71-3	
441	2,4-二甲基庚烷		2213-23-2	
442	2,5-二甲基庚烷		2216-30-0	
443	3,3-二甲基庚烷		4032-86-4	
444	3,4-二甲基庚烷		922-28-1	
445	3,5-二甲基庚烷		926-82-9	
446	4,4-二甲基庚烷		1068-19-5	
447	*N*,*N*-二甲基环己胺	二甲氨基环己烷	98-94-2	
448	1,1-二甲基环己烷		590-66-9	
449	1,2-二甲基环己烷		583-57-3	
450	1,3-二甲基环己烷		591-21-9	
451	1,4-二甲基环己烷		589-90-2	
452	1,1-二甲基环戊烷		1638-26-2	
453	1,2-二甲基环戊烷		2452-99-5	
454	1,3-二甲基环戊烷		2453-00-1	
455	2,2-二甲基己烷		590-73-8	
456	2,3-二甲基己烷		584-94-1	
457	2,4-二甲基己烷		589-43-5	
458	3,3-二甲基己烷		563-16-6	
459	3,4-二甲基己烷		583-48-2	
460	*N*,*N*-二甲基甲酰胺	甲酰二甲胺	68-12-2	
461	1,1-二甲基肼	二甲基肼[不对称]；*N*,*N*-二甲基肼	57-14-7	剧毒
462	1,2-二甲基肼	二甲基肼[对称]	540-73-8	剧毒

续表

序号	品名	别名	CAS号	备注
463	O,O'-二甲基硫代磷酰氯	二甲基硫代磷酰氯	2524-03-0	剧毒
464	二甲基氯乙缩醛		97-97-2	
465	2,6-二甲基吗啉		141-91-3	
466	二甲基镁		2999-74-8	
467	1,4-二甲基哌嗪		106-58-1	
468	二甲基胂酸钠	卡可酸钠	124-65-2	
469	2,3-二甲基戊醛		32749-94-3	
470	2,2-二甲基戊烷		590-35-2	
471	2,3-二甲基戊烷		565-59-3	
472	2,4-二甲基戊烷	二异丙基甲烷	108-08-7	
473	3,3-二甲基戊烷	2,2-二乙基丙烷	562-49-2	
474	N,N-二甲基硒脲	二甲基硒脲[不对称]	5117-16-8	
475	二甲基锌		544-97-8	
476	N,N-二甲基乙醇胺	N,N-二甲基-2-羟基乙胺；2-二甲氨基乙醇	108-01-0	
477	二甲基乙二酮	双乙酰；丁二酮	431-03-8	
478	N,N-二甲基异丙醇胺	1-(二甲胺基)-2-丙醇	108-16-7	
479	二甲醚	甲醚	115-10-6	
480	二甲胂酸	二甲次胂酸；二甲基胂酸；卡可地酸；卡可酸	75-60-5	
481	二甲双胍	双甲胍；马钱子碱	57-24-9	剧毒
482	2,6-二甲氧基苯甲酰氯		1989-53-3	
483	2,2-二甲氧基丙烷		77-76-9	
484	二甲氧基甲烷	二甲醇缩甲醛；甲缩醛；甲撑二甲醚	109-87-5	
485	3,3'-二甲氧基联苯胺	邻联二茴香胺；3,3'-二甲氧基-4,4'-二氨基联苯	119-90-4	
486	二甲氧基马钱子碱	番木鳖碱	357-57-3	剧毒
487	1,1-二甲氧基乙烷	二甲醇缩乙醛；乙醛缩二甲醇	534-15-6	
488	1,2-二甲氧基乙烷	二甲基溶纤剂；乙二醇二甲醚	110-71-4	
489	二聚丙烯醛[稳定的]		100-73-2	
490	二聚环戊二烯	双茂；双环戊二烯；4,7-亚甲基-3a,4,7,7a-四氢茚	77-73-6	
491	二硫代-4,4'-二氨基代二苯	4,4'-二氨基二苯基二硫醚二硫代对氨基苯	722-27-0	
492	二硫化二甲基	二甲二硫；二甲基二硫；甲基化二硫	624-92-0	
493	二硫化钛		12039-13-3	
494	二硫化碳		75-15-0	

续表

序号	品名	别名	CAS号	备注
495	二硫化硒		7488-56-4	
496	2,3-二氯-1,4-萘醌	二氯萘醌	117-80-6	
497	1,1-二氯-1-硝基乙烷		594-72-9	
498	1,3-二氯-2-丙醇	1,3-二氯异丙醇;1,3-二氯代甘油	96-23-1	
499	1,3-二氯-2-丁烯		926-57-8	
500	1,4-二氯-2-丁烯		764-41-0	
501	1,2-二氯苯	邻二氯苯	95-50-1	
502	1,3-二氯苯	间二氯苯	541-73-1	
503	2,3-二氯苯胺		608-27-5	
504	2,4-二氯苯胺		554-00-7	
505	2,5-二氯苯胺		95-82-9	
506	2,6-二氯苯胺		608-31-1	
507	3,4-二氯苯胺		95-76-1	
508	3,5-二氯苯胺		626-43-7	
509	二氯苯胺异构体混合物		27134-27-6	
510	2,3-二氯苯酚	2,3-二氯酚	576-24-9	
511	2,4-二氯苯酚	2,4-二氯酚	120-83-2	
512	2,5-二氯苯酚	2,5-二氯酚	583-78-8	
513	2,6-二氯苯酚	2,6-二氯酚	87-65-0	
514	3,4-二氯苯酚	3,4-二氯酚	95-77-2	
515	3,4-二氯苯基偶氮硫脲	3,4-二氯苯偶氮硫代氨基甲酰胺;灭鼠肼	5836-73-7	
516	二氯苯基三氯硅烷		27137-85-5	
517	2,4-二氯苯甲酰氯	2,4-二氯代氯化苯甲酰	89-75-8	
518	2-(2,4-二氯苯氧基)丙酸	2,4-滴丙酸	120-36-5	
519	3,4-二氯苄基氯	3,4-二氯氯化苄;氯化-3,4-二氯苄	102-47-6	
520	1,1-二氯丙酮		513-88-2	
521	1,3-二氯丙酮	α,γ-二氯丙酮	534-07-6	
522	1,2-二氯丙烷	二氯化丙烯	78-87-5	
523	1,3-二氯丙烷		142-28-9	
524	1,2-二氯丙烯	2-氯丙烯基氯	563-54-2	
525	1,3-二氯丙烯		542-75-6	
526	2,3-二氯丙烯		78-88-6	
527	1,4-二氯丁烷		110-56-5	
528	二氯二氟甲烷	R12	75-71-8	
529	二氯二氟甲烷和二氟乙烷的共沸物[含二氯二氟甲烷约74%]	R500		

续表

序号	品名	别名	CAS 号	备注
530	1,2-二氯二乙醚	乙基-1,2-二氯乙醚	623-46-1	
531	2,2-二氯二乙醚	对称二氯二乙醚	111-44-4	
532	二氯硅烷		4109-96-0	
533	二氯化膦苯	苯基二氯磷;苯膦化二氯	644-97-3	
534	二氯化硫		10545-99-0	
535	二氯化乙基铝	乙基二氯化铝	563-43-9	
536	2,4-二氯甲苯		95-73-8	
537	2,5-二氯甲苯		19398-61-9	
538	2,6-二氯甲苯		118-69-4	
539	3,4-二氯甲苯		95-75-0	
540	α,α-二氯甲苯	二氯化苄;二氯甲基苯;苄叉二氯;α,α-二氯甲基苯	98-87-3	
541	二氯甲烷	亚甲基氯;甲撑氯	75-09-2	
542	3,3′-二氯联苯胺		91-94-1	
543	二氯硫化碳	硫光气;硫代羰基氯	463-71-8	
544	二氯醛基丙烯酸	粘氯酸;二氯代丁烯醛酸;糠氯酸	87-56-9	
545	二氯四氟乙烷	R114	76-14-2	
546	1,5-二氯戊烷		628-76-2	
547	2,3-二氯硝基苯	1,2-二氯-3-硝基苯	3209-22-1	
548	2,4-二氯硝基苯		611-06-3	
549	2,5-二氯硝基苯	1,4-二氯-2-硝基苯	89-61-2	
550	3,4-二氯硝基苯		99-54-7	
551	二氯一氟甲烷	R21	75-43-4	
552	二氯乙腈	氰化二氯甲烷	3018-12-0	
553	二氯乙酸	二氯醋酸	79-43-6	
554	二氯乙酸甲酯	二氯醋酸甲酯	116-54-1	
555	二氯乙酸乙酯	二氯醋酸乙酯	535-15-9	
556	1,1-二氯乙烷	乙叉二氯	75-34-3	
557	1,2-二氯乙烷	乙撑二氯;亚乙基二氯;1,2-二氯化乙烯	107-06-2	
558	1,1-二氯乙烯	偏二氯乙烯;乙烯叉二氯	75-35-4	
559	1,2-二氯乙烯	二氯化乙炔	540-59-0	
560	二氯乙酰氯		79-36-7	
561	二氯异丙基醚	二氯异丙醚	108-60-1	
562	二氯异氰尿酸		2782-57-2	
563	1,4-二羟基-2-丁炔	1,4-丁炔二醇;丁炔二醇	110-65-6	
564	1,5-二羟基-4,8-二硝基蒽醌		128-91-6	

续表

序号	品名	别名	CAS号	备注
565	3,4-二羟基-α-[(甲氨基)甲基]苄醇	肾上腺素;付肾碱;付肾素	51-43-4	
566	2,2′-二羟基二乙胺	二乙醇胺	111-42-2	
567	3,6-二羟基邻苯二甲腈	2,3-二氰基对苯二酚	4733-50-0	
568	2,3-二氢-2,2-二甲基苯并呋喃-7-基-*N*-甲基氨基甲酸酯	克百威	1563-66-2	剧毒
569	2,3-二氢吡喃		25512-65-6	
570	2,3-二氰-5,6-二氯氢醌		84-58-2	
571	二肉豆蔻基过氧重碳酸酯[含量≤100%]		53220-22-7	
	二肉豆蔻基过氧重碳酸酯[含量≤42%,在水中稳定弥散]			
572	2,6-二噻-1,3,5,7-四氮三环-[3,3,1,1,3,7]癸烷-2,2,6,6-四氧化物	毒鼠强	80-12-6	剧毒
573	二叔丁基过氧化物[52%<含量≤100%]	过氧化二叔丁基	110-05-4	
	二叔丁基过氧化物[含量≤52%,含B型稀释剂②≥48%]			
574	二叔丁基过氧壬二酸酯[含量≤52%,含A型稀释剂①≥48%]		16580-06-6	
575	1,1-二叔戊过氧基环己烷[含量≤82%,含A型稀释剂①≥18%]		15667-10-4	
576	二-叔戊基过氧化物[含量≤100%]		10508-09-5	
577	二水合三氟化硼	三氟化硼水合物	13319-75-0	
578	二戊基磷酸	酸式磷酸二戊酯	3138-42-9	
579	二烯丙基胺	二烯丙胺	124-02-7	
580	二烯丙基代氰胺	*N*-氰基二烯丙基胺	538-08-9	
581	二烯丙基硫醚	硫化二烯丙基;烯丙基硫醚	592-88-1	
582	二烯丙基醚	烯丙基醚	557-40-4	
583	4,6-二硝基-2-氨基苯酚	苦氨酸;二硝基氨基苯酚	96-91-3	
584	4,6-二硝基-2-氨基苯酚锆	苦氨酸锆	63868-82-6	
585	4,6-二硝基-2-氨基苯酚钠	苦氨酸钠	831-52-7	
586	1,2-二硝基苯	邻二硝基苯	528-29-0	
587	1,3-二硝基苯	间二硝基苯	99-65-0	
588	1,4-二硝基苯	对二硝基苯	100-25-4	
589	2,4-二硝基苯胺		97-02-9	
590	2,6-二硝基苯胺		606-22-4	
591	3,5-二硝基苯胺		618-87-1	
592	二硝基苯酚[干的或含水<15%]		25550-58-7	
	二硝基苯酚溶液			

续表

序号	品名	别名	CAS号	备注
593	2,4-二硝基苯酚[含水≥15%]	1-羟基-2,4-二硝基苯	51-28-5	
594	2,5-二硝基苯酚[含水≥15%]		329-71-5	
595	2,6-二硝基苯酚[含水≥15%]		573-56-8	
596	二硝基苯酚碱金属盐[干的或含水<15%]	二硝基酚碱金属盐		
597	2,4-二硝基苯酚钠		1011-73-0	
598	2,4-二硝基苯磺酰氯		1656-44-6	
599	2,4-二硝基苯甲醚	2,4-二硝基茴香醚	119-27-7	
600	3,5-二硝基苯甲酰氯	3,5-二硝基氯化苯甲酰	99-33-2	
601	2,4-二硝基苯肼		119-26-6	
602	1,3-二硝基丙烷		6125-21-9	
603	2,2-二硝基丙烷		595-49-3	
604	2,4-二硝基二苯胺		961-68-2	
605	3,4-二硝基二苯胺			
606	二硝基甘脲		55510-04-8	
607	2,4-二硝基甲苯		121-14-2	
608	2,6-二硝基甲苯		606-20-2	
609	二硝基间苯二酚		519-44-8	
610	二硝基联苯		38094-35-8	
611	二硝基邻甲酚铵			
612	二硝基邻甲酚钾		5787-96-2	
613	4,6-二硝基邻甲苯酚钠		2312-76-7	
614	二硝基邻甲苯酚钠			
615	2,4-二硝基氯化苄	2,4-二硝基苯代氯甲烷	610-57-1	
616	1,5-二硝基萘		605-71-0	
617	1,8-二硝基萘		602-38-0	
618	2,4-二硝基萘酚		605-69-6	
619	2,4-二硝基萘酚钠	马汀氏黄;色淀黄	887-79-6	
620	2,7-二硝基芴		5405-53-8	
621	二硝基重氮苯酚[按质量含水或乙醇和水的混合物不低于40%]	重氮二硝基苯酚	4682-03-5	
622	1,2-二溴-3-丁酮		25109-57-3	
623	3,5-二溴-4-羟基苄腈	溴苯腈	1689-84-5	
624	1,2-二溴苯	邻二溴苯	583-53-9	
625	2,4-二溴苯胺		615-57-6	
626	2,5-二溴苯胺		3638-73-1	
627	1,2-二溴丙烷		78-75-1	
628	二溴二氟甲烷	二氟二溴甲烷	75-61-6	

续表

序号	品名	别名	CAS号	备注
629	二溴甲烷	二溴化亚甲基	74-95-3	
630	1,2-二溴乙烷	乙撑二溴;二溴化乙烯	106-93-4	
631	二溴异丙烷			
632	*N*,*N*′-二亚硝基-*N*,*N*′-二甲基对苯二酰胺		133-55-1	
633	二亚硝基苯		25550-55-4	
634	2,4-二亚硝基间苯二酚	1,3-二羟基-2,4-二亚硝基苯	118-02-5	
635	*N*,*N*′-二亚硝基五亚甲基四胺[减敏的]	发泡剂H	101-25-7	
636	二亚乙基三胺	二乙撑三胺	111-40-0	
637	二氧化氮		10102-44-0	
638	二氧化丁二烯	双环氧乙烷	298-18-0	
639	二氧化硫	亚硫酸酐	7446-09-5	
640	二氧化氯		10049-04-4	
641	二氧化铅	过氧化铅	1309-60-0	
642	二氧化碳[压缩的或液化的]	碳酸酐	124-38-9	
643	二氧化碳和环氧乙烷混合物	二氧化碳和氧化乙烯混合物		
644	二氧化碳和氧气混合物			
645	二氧化硒	亚硒酐	7446-08-4	
646	1,3-二氧戊环	二氧戊环;乙二醇缩甲醛	646-06-0	
647	1,4-二氧杂环己烷	二噁烷;1,4-二氧己环	123-91-1	
648	*S*-[2-(二乙氨基)乙基]-*O*,*O*-二乙基硫赶磷酸酯	胺吸磷	78-53-5	剧毒
649	*N*-二乙氨基乙基氯	2-氯乙基二乙胺	100-35-6	剧毒
650	二乙胺		109-89-7	
651	二乙二醇二硝酸酯[含不挥发、不溶于水的减敏剂≥25%]	二甘醇二硝酸酯	693-21-0	
652	*N*,*N*-二乙基-1,3-丙二胺	*N*,*N*-二乙基-1,3-二氨基丙烷;3-二乙氨基丙胺	104-78-9	
653	*N*,*N*-二乙基-1-萘胺	*N*,*N*-二乙基-*α*-萘胺	84-95-7	
654	*O*,*O*-二乙基-*N*-(1,3-二硫戊环-2-亚基)磷酰胺[含量>15%]	2-(二乙氧基磷酰亚氨基)-1,3-二硫戊环;硫环磷	947-02-4	剧毒
655	*O*,*O*-二乙基-*N*-(4-甲基-1,3-二硫戊环-2-亚基)磷酰胺[含量>5%]	二乙基(4-甲基-1,3-二硫戊环-2-叉氨基)磷酸酯;地胺磷	950-10-7	剧毒
656	*O*,*O*-二乙基-*N*-1,3-二噻丁环-2-亚基磷酰胺	丁硫环磷	21548-32-3	剧毒
657	*O*,*O*-二乙基-*O*-(2,2-二氯-1-*β*-氯乙氧基乙烯基)-磷酸酯	彼氧磷	67329-01-5	

续表

序号	品名	别名	CAS 号	备注
658	*O*,*O*-二乙基-*O*-(2-乙硫基乙基)硫代磷酸酯与 *O*,*O*-二乙基-*S*-(2-乙硫基乙基)硫代磷酸酯的混合物[含量>3%]	内吸磷	8065-48-3	剧毒
659	*O*,*O*-二乙基-*O*-(3-氯-4-甲基香豆素-7-基)硫代磷酸酯	蝇毒磷	56-72-4	
660	*O*,*O*-二乙基-*O*-(4-甲基香豆素基-7)硫代磷酸酯	扑杀磷	299-45-6	剧毒
661	*O*,*O*-二乙基-*O*-(4-硝基苯基)磷酸酯	对氧磷	311-45-5	剧毒
662	*O*,*O*-二乙基-*O*-(4-硝基苯基)硫代磷酸酯[含量>4%]	对硫磷	56-38-2	剧毒
663	*O*,*O*-二乙基-*O*-(4-溴-2,5-二氯苯基)硫代磷酸酯	乙基溴硫磷	4824-78-6	
664	*O*,*O*-二乙基-*O*-(6-二乙胺次甲基-2,4-二氯)苯基硫代磷酰酯盐酸盐			
665	*O*,*O*-二乙基-*O*-[2-氯-1-(2,4-二氯苯基)乙烯基]磷酸酯[含量>20%]	2-氯-1-(2,4-二氯苯基)乙烯基二乙基磷酸酯；毒虫畏	470-90-6	剧毒
666	*O*,*O*-二乙基-*O*-2,5-二氯-4-甲硫基苯基硫代磷酸酯	*O*-[2,5-二氯-4-(甲硫基)苯基]-*O*,*O*-二乙基硫代磷酸酯；虫螨磷	21923-23-9；60238-56-4	
667	*O*,*O*-二乙基-*O*-2-吡嗪基硫代磷酸酯[含量>5%]	虫线磷	297-97-2	剧毒
668	*O*,*O*-二乙基-*O*-喹噁啉-2-基硫代磷酸酯	喹硫磷	13593-03-8	
669	*O*,*O*-二乙基-*S*-(2,5-二氯苯硫基甲基)二硫代磷酸酯	芬硫磷	2275-14-1	
670	*O*,*O*-二乙基-*S*-(2-氯-1-酞酰亚氨基乙基)二硫代磷酸酯	氯亚胺硫磷	10311-84-9	
671	*O*,*O*-二乙基-*S*-(2-乙基亚磺酰基乙基)二硫代磷酸酯	砜拌磷	2497-07-6	
672	*O*,*O*-二乙基-*S*-(2-乙硫基乙基)二硫代磷酸酯[含量>15%]	乙拌磷	298-04-4	剧毒
673	*O*,*O*-二乙基-*S*-(4-甲基亚磺酰基苯基)硫代磷酸酯[含量>4%]	丰索磷	115-90-2	剧毒
674	*O*,*O*-二乙基-*S*-(4-氯苯硫基甲基)二硫代磷酸酯	三硫磷	786-19-6	
675	*O*,*O*-二乙基-*S*-(对硝基苯基)硫代磷酸	硫代磷酸-*O*,*O*-二乙基-*S*-(4-硝基苯基)酯	3270-86-8	剧毒
676	*O*,*O*-二乙基-*S*-(乙硫基甲基)二硫代磷酸酯	甲拌磷	298-02-2	剧毒
677	*O*,*O*-二乙基-*S*-(异丙基氨基甲酰甲基)二硫代磷酸酯[含量>15%]	发硫磷	2275-18-5	剧毒

续表

序号	品名	别名	CAS号	备注
678	O,O-二乙基-S-[N-(1-氰基-1-甲基乙基)氨基甲酰甲基]硫代磷酸酯	S-{2-[(1-氰基-1-甲基乙基)氨基]-2-氧代乙基}-O,O-二乙基硫代磷酸酯;果虫磷	3734-95-0	
679	O,O-二乙基-S-氯甲基二硫代磷酸酯[含量>15%]	氯甲硫磷	24934-91-6	剧毒
680	O,O-二乙基-S-叔丁基硫甲基二硫代磷酸酯	特丁硫磷	13071-79-9	剧毒
681	O,O-二乙基-S-乙基亚磺酰基甲基二硫代磷酸酯	甲拌磷亚砜	2588-03-6	
682	1-二乙基氨基-4-氨基戊烷	2-氨基-5-二乙基氨基戊烷;N′,N′-二乙基-1,4-戊二胺;2-氨基-5-二乙氨基戊烷	140-80-7	
683	二乙基氨基氰	氰化二乙胺	617-83-4	
684	1,2-二乙基苯	邻二乙基苯	135-01-3	
685	1,3-二乙基苯	间二乙基苯	141-93-5	
686	1,4-二乙基苯	对二乙基苯	105-05-5	
687	N,N-二乙基苯胺	二乙氨基苯	91-66-7	
688	N-(2,6-二乙基苯基)-N-甲氧基甲基-氯乙酰胺	甲草胺	15972-60-8	
689	N,N-二乙基对甲苯胺	4-(二乙胺基)甲苯	613-48-9	
690	N,N-二乙基二硫代氨基甲酸-2-氯烯丙基酯	菜草畏	95-06-7	
691	二乙基二氯硅烷	二氯二乙基硅烷	1719-53-5	
692	二乙基汞	二乙汞	627-44-1	剧毒
693	1,2-二乙基肼	二乙基肼[不对称]	1615-80-1	
694	N,N-二乙基邻甲苯胺	2-(二乙胺基)甲苯	2728-04-3	
695	O,O′-二乙基硫代磷酰氯	二乙基硫代磷酰氯	2524-04-1	
696	二乙基镁		557-18-6	
697	二乙基硒		627-53-2	
698	二乙基锌		557-20-0	
699	N,N-二乙基乙撑二胺	N,N-二乙基乙二胺	100-36-7	
700	N,N-二乙基乙醇胺	2-(二乙胺基)乙醇	100-37-8	
701	二乙硫醚	硫代乙醚;二乙硫	352-93-2	
702	二乙烯基醚[稳定的]	乙烯基醚	109-93-3	
703	3,3-二乙氧基丙烯	丙烯醛二乙缩醛;二乙基缩醛丙烯醛	3054-95-3	
704	二乙氧基甲烷	甲醛缩二乙醇;二乙醇缩甲醛	462-95-3	
705	1,1-二乙氧基乙烷	乙叉二乙基醚;二乙醇缩乙醛;乙缩醛	105-57-7	

续表

序号	品名	别名	CAS号	备注
706	二异丙胺		108-18-9	
707	二异丙醇胺	2,2′-二羟基二丙胺	110-97-4	
708	*O*,*O*-二异丙基-*S*-(2-苯磺酰胺基)乙基二硫代磷酸酯	*S*-2-苯磺酰基氨基乙基-*O*,*O*-二异丙基二硫代磷酸酯;地散磷	741-58-2	
709	二异丙基二硫代磷酸锑			
710	*N*,*N*-二异丙基乙胺	*N*-乙基二异丙胺	7087-68-5	
711	*N*,*N*-二异丙基乙醇胺	*N*,*N*-二异丙氨基乙醇	96-80-0	
712	二异丁胺		110-96-3	
713	二异丁基酮	2,6-二甲基-4-庚酮	108-83-8	
714	二异戊醚		544-01-4	
715	二异辛基磷酸	酸式磷酸二异辛酯	27215-10-7	
716	二正丙胺	二丙胺	142-84-7	
717	二正丙基过氧重碳酸酯[含量≤100%]		16066-38-9	
	二正丙基过氧重碳酸酯[含量≤77%,含B型稀释剂[②]≥23%]			
718	二正丁胺	二丁胺	111-92-2	
719	*N*,*N*-二正丁基氨基乙醇	*N*,*N*-二正丁基乙醇胺;2-二丁氨基乙醇	102-81-8	
720	二-正丁基过氧重碳酸酯[含量≤27%,含B型稀释剂[②]≥73%]		16215-49-9	
	二-正丁基过氧重碳酸酯[27%<含量≤52%,含B型稀释剂[②]≥48%]			
	二-正丁基过氧重碳酸酯[含量≤42%,在水(冷冻)中稳定弥散]			
721	二正戊胺	二戊胺	2050-92-2	
722	二仲丁胺		626-23-3	
723	发烟硫酸	硫酸和三氧化硫的混合物;焦硫酸	8014-95-7	
724	发烟硝酸		52583-42-3	
725	钒酸铵钠		12055-09-3	
726	钒酸钾	钒酸三钾	14293-78-8	
727	放线菌素		1402-38-6	
728	放线菌素D		50-76-0	
729	呋喃	氧杂茂	110-00-9	
730	2-呋喃甲醇	糠醇	98-00-0	
731	呋喃甲酰氯	氯化呋喃甲酰	527-69-5	
732	氟		7782-41-4	剧毒
733	1-氟-2,4-二硝基苯	2,4-二硝基-1-氟苯	70-34-8	

续表

序号	品名	别名	CAS号	备注
734	2-氟苯胺	邻氟苯胺;邻氨基氟化苯	348-54-9	
735	3-氟苯胺	间氟苯胺;间氨基氟化苯	372-19-0	
736	4-氟苯胺	对氟苯胺;对氨基氟化苯	371-40-4	
737	氟代苯	氟苯	462-06-6	
738	氟代甲苯		25496-08-6	
739	氟锆酸钾	氟化锆钾	16923-95-8	
740	氟硅酸	硅氟酸	16961-83-4	
741	氟硅酸铵		1309-32-6	
742	氟硅酸钾		16871-90-2	
743	氟硅酸钠		16893-85-9	
744	氟化铵		12125-01-8	
745	氟化钡		7787-32-8	
746	氟化锆		7783-64-4	
747	氟化镉		7790-79-6	
748	氟化铬	三氟化铬	7788-97-8	
749	氟化汞	二氟化汞	7783-39-3	
750	氟化钴	三氟化钴	10026-18-3	
751	氟化钾		7789-23-3	
752	氟化镧	三氟化镧	13709-38-1	
753	氟化锂		7789-24-4	
754	氟化钠		7681-49-4	
755	氟化铅	二氟化铅	7783-46-2	
756	氟化氢[无水]		7664-39-3	
757	氟化氢铵	酸性氟化铵;二氟化氢铵	1341-49-7	
758	氟化氢钾	酸性氟化钾;二氟化氢钾	7789-29-9	
759	氟化氢钠	酸性氟化钠;二氟化氢钠	1333-83-1	
760	氟化铷		13446-74-7	
761	氟化铯		13400-13-0	
762	氟化铜	二氟化铜	7789-19-7	
763	氟化锌		7783-49-5	
764	氟化亚钴	二氟化钴	10026-17-2	
765	氟磺酸		7789-21-1	
766	2-氟甲苯	邻氟甲苯;邻甲基氟苯;2-甲基氟苯	95-52-3	
767	3-氟甲苯	间氟甲苯;间甲基氟苯;3-甲基氟苯	352-70-5	
768	4-氟甲苯	对氟甲苯;对甲基氟苯;4-甲基氟苯	352-32-9	

续表

序号	品名	别名	CAS号	备注
769	氟甲烷	R41;甲基氟	593-53-3	
770	氟磷酸[无水]		13537-32-1	
771	氟硼酸		16872-11-0	
772	氟硼酸-3-甲基-4-(吡咯烷-1-基)重氮苯		36422-95-4	
773	氟硼酸镉		14486-19-2	
774	氟硼酸铅		13814-96-5	
	氟硼酸铅溶液[含量>28%]			
775	氟硼酸锌		13826-88-5	
776	氟硼酸银		14104-20-2	
777	氟铍酸铵	氟化铍铵	14874-86-3	
778	氟铍酸钠		13871-27-7	
779	氟钽酸钾	钽氟酸钾;七氟化钽钾	16924-00-8	
780	氟乙酸	氟醋酸	144-49-0	剧毒
781	氟乙酸-2-苯酰肼	法尼林	2343-36-4	
782	氟乙酸钾	氟醋酸钾	23745-86-0	
783	氟乙酸甲酯		453-18-9	剧毒
784	氟乙酸钠	氟醋酸钠	62-74-8	剧毒
785	氟乙酸乙酯	氟醋酸乙酯	459-72-3	
786	氟乙烷	R161;乙基氟	353-36-6	
787	氟乙烯[稳定的]	乙烯基氟	75-02-5	
788	氟乙酰胺		640-19-7	剧毒
789	钙	金属钙	7440-70-2	
	金属钙粉	钙粉		
790	钙合金			
791	钙锰硅合金			
792	甘露糖醇六硝酸酯[湿的，按质量含水或乙醇和水的混合物不低于40%]	六硝基甘露醇	15825-70-4	
793	高碘酸	过碘酸;仲高碘酸	10450-60-9	
794	高碘酸铵	过碘酸铵	13446-11-2	
795	高碘酸钡	过碘酸钡	13718-58-6	
796	高碘酸钾	过碘酸钾	7790-21-8	
797	高碘酸钠	过碘酸钠	7790-28-5	
798	高氯酸[浓度>72%]	过氯酸	7601-90-3	
	高氯酸[浓度≤50%]			
	高氯酸[浓度50%～72%]			
799	高氯酸铵	过氯酸铵	7790-98-9	
800	高氯酸钡	过氯酸钡	13465-95-7	

续表

序号	品名	别名	CAS号	备注
801	高氯酸醋酐溶液	过氯酸醋酐溶液		
802	高氯酸钙	过氯酸钙	13477-36-6	
803	高氯酸钾	过氯酸钾	7778-74-7	
804	高氯酸锂	过氯酸锂	7791-03-9	
805	高氯酸镁	过氯酸镁	10034-81-8	
806	高氯酸钠	过氯酸钠	7601-89-0	
807	高氯酸铅	过氯酸铅	13637-76-8	
808	高氯酸锶	过氯酸锶	13450-97-0	
809	高氯酸亚铁		13520-69-9	
810	高氯酸银	过氯酸银	7783-93-9	
811	高锰酸钡	过锰酸钡	7787-36-2	
812	高锰酸钙	过锰酸钙	10118-76-0	
813	高锰酸钾	过锰酸钾;灰锰氧	7722-64-7	
814	高锰酸钠	过锰酸钠	10101-50-5	
815	高锰酸锌	过锰酸锌	23414-72-4	
816	高锰酸银	过锰酸银	7783-98-4	
817	镉[非发火的]		7440-43-9	
818	铬硫酸			
819	铬酸钾		7789-00-6	
820	铬酸钠		7775-11-3	
821	铬酸铍		14216-88-7	
822	铬酸铅		7758-97-6	
823	铬酸溶液		7738-94-5	
824	铬酸叔丁酯四氯化碳溶液		1189-85-1	
825	庚二腈	1,5-二氰基戊烷	646-20-8	
826	庚腈	氰化正己烷	629-08-3	
827	1-庚炔	正庚炔	628-71-7	
828	庚酸	正庚酸	111-14-8	
829	2-庚酮	甲基戊基甲酮	110-43-0	
830	3-庚酮	乙基正丁基甲酮	106-35-4	
831	4-庚酮	乳酮;二丙基甲酮	123-19-3	
832	1-庚烯	正庚烯;正戊基乙烯	592-76-7	
833	2-庚烯		592-77-8	
834	3-庚烯		592-78-9	
835	汞	水银	7439-97-6	
836	挂-3-氯桥-6-氰基-2-降冰片酮-*O*-(甲基氨基甲酰基)肟	肟杀威	15271-41-7	
837	硅粉[非晶形的]		7440-21-3	

续表

序号	品名	别名	CAS号	备注
838	硅钙	二硅化钙	12013-56-8	
839	硅化钙		12013-55-7	
840	硅化镁		22831-39-6；39404-03-0	
841	硅锂		68848-64-6	
842	硅铝		57485-31-1	
	硅铝粉[无涂层的]			
843	硅锰钙		12205-44-6	
844	硅酸铅		10099-76-0；11120-22-2	
845	硅酸四乙酯	四乙氧基硅烷；正硅酸乙酯	78-10-4	
846	硅铁锂		64082-35-5	
847	硅铁铝[粉末状的]		12003-41-7	
848	癸二酰氯	氯化癸二酰	111-19-3	
849	癸硼烷	十硼烷；十硼氢	17702-41-9	剧毒
850	1-癸烯		872-05-9	
851	过二硫酸铵	高硫酸铵；过硫酸铵	7727-54-0	
852	过二硫酸钾	高硫酸钾；过硫酸钾	7727-21-1	
853	过二碳酸二-(2-乙基己)酯[77%＜含量≤100%]		16111-62-9	
	过二碳酸二-(2-乙基己)酯[含量≤52%，在水(冷冻)中稳定弥散]			
	过二碳酸二-(2-乙基己)酯[含量≤62%，在水中稳定弥散]			
	过二碳酸二-(2-乙基己)酯[含量≤77%，含B型稀释剂②≥23%]			
854	过二碳酸二-(2-乙氧乙)酯[含量≤52%，含B型稀释剂②≥48%]			
855	过二碳酸二-(3-甲氧丁)酯[含量≤52%，含B型稀释剂②≥48%]		52238-68-3	
856	过二碳酸钠		3313-92-6	
857	过二碳酸异丙仲丁酯、过二碳酸二仲丁酯和过二碳酸二异丙酯的混合物[过二碳酸异丙仲丁酯≤32%，15%≤过二碳酸二仲丁酯≤18%，12%≤过二碳酸二异丙酯≤15%，含A型稀释剂①≥38%]			
	过二碳酸异丙仲丁酯、过二碳酸二仲丁酯和过二碳酸二异丙酯的混合物[过二碳酸异丙仲丁酯≤52%，过二碳酸二仲丁酯≤28%，过二碳酸二异丙酯≤22%]			

续表

序号	品名	别名	CAS号	备注
858	过硫酸钠	过二硫酸钠;高硫酸钠	7775-27-1	
859	过氯酰氟	氟化过氯氧;氟化过氯酰	7616-94-6	
860	过硼酸钠	高硼酸钠	15120-21-5; 7632-04-4; 11138-47-9	
861	过新庚酸-1,1-二甲基-3-羟丁酯[含量≤52%,含A型稀释剂①≥48%]		110972-57-1	
862	过新庚酸枯酯[含量≤77%,含A型稀释剂①≥23%]		104852-44-0	
863	过新癸酸叔己酯[含量≤71%,含A型稀释剂①≥29%]		26748-41-4	
864	过氧-3,5,5-三甲基己酸叔丁酯[32%<含量≤100%]	叔丁基过氧化-3,5,5-三甲基己酸酯	13122-18-4	
	过氧-3,5,5-三甲基己酸叔丁酯[含量≤32%,含B型稀释剂②≥68%]			
	过氧-3,5,5-三甲基己酸叔丁酯[含量≤42%,惰性固体含量≥58%]			
865	过氧苯甲酸叔丁酯[77%<含量≤100%]		614-45-9	
	过氧苯甲酸叔丁酯[52%<含量≤77%,含A型稀释剂①≥23%]			
	过氧苯甲酸叔丁酯[含量≤52%,惰性固体含量≥48%]			
866	过氧丁烯酸叔丁酯[含量≤77%,含A型稀释剂①≥23%]	过氧化叔丁基丁烯酸酯;过氧化巴豆酸叔丁酯	23474-91-1	
867	过氧化钡	二氧化钡	1304-29-6	
868	过氧化苯甲酸叔戊酯[含量≤100%]	叔戊基过氧苯甲酸酯	4511-39-1	
869	过氧化丙酰[含量≤27%,含B型稀释剂②≥73%]	过氧化二丙酰	3248-28-0	
870	过氧化二-(2,4-二氯苯甲酰)[糊状物,含量≤52%]		133-14-2	
	过氧化二-(2,4-二氯苯甲酰)[含硅油糊状,含量≤52%]			
	过氧化二-(2,4-二氯苯甲酰)[含量≤77%,含水≥23%]			
871	过氧化-二-(3,5,5-三甲基-1,2-二氧戊环)[糊状物,含量≤52%]			
872	过氧化二(3-甲基苯甲酰)、过氧化(3-甲基苯甲酰)苯甲酰和过氧化二苯甲酰的混合物[过氧化二(3-甲基苯甲酰)≤20%,过氧化(3-甲基苯甲酰)苯甲酰≤18%,过氧化二苯甲酰≤4%,含B型稀释剂②≥58%]			

续表

序号	品名	别名	CAS号	备注
873	过氧化二-(4-氯苯甲酰)[含量≤77%]		94-17-7	
	过氧化二-(4-氯苯甲酰)[糊状物,含量≤52%]			
874	过氧化二苯甲酰[51%<含量≤100%,惰性固体含量≤48%]		94-36-0	
	过氧化二苯甲酰[35%<含量≤52%,惰性固体含量≥48%]			
	过氧化二苯甲酰[36%<含量≤42%,含A型稀释剂[①]≥18%,含水≤40%]			
	过氧化二苯甲酰[77%<含量≤94%,含水≥6%]			
	过氧化二苯甲酰[含量≤42%,在水中稳定弥散]			
	过氧化二苯甲酰[含量≤62%,惰性固体含量≥28%,含水≥10%]			
	过氧化二苯甲酰[含量≤77%,含水≥23%]			
	过氧化二苯甲酰[糊状物,52%<含量≤62%]			
	过氧化二苯甲酰[糊状物,含量≤52%]			
	过氧化二苯甲酰[糊状物,含量≤56.5%,含水≥15%]			
	过氧化二苯甲酰[含量≤35%,含惰性固体≥65%]			
875	过氧化二癸酰[含量≤100%]		762-12-9	
876	过氧化二琥珀酸[72%<含量≤100%]	过氧化双丁二酸;过氧化丁二酰	123-23-9	
	过氧化二琥珀酸[含量≤72%]			
877	2,2-过氧化二氢丙烷[含量≤27%,含惰性固体≥73%]		2614-76-8	
878	过氧化二碳酸二(十八烷基)酯[含量≤87%,含有十八烷醇]	过氧化二(十八烷基)二碳酸酯;过氧化二碳酸二硬脂酰酯	52326-66-6	
879	过氧化二碳酸二苯甲酯[含量≤87%,含水]	过氧化苄基二碳酸酯	2144-45-8	
880	过氧化二碳酸二乙酯[在溶液中,含量≤27%]	过氧化二乙基二碳酸酯	14666-78-5	
881	过氧化二碳酸二异丙酯[52%<含量≤100%]	过氧重碳酸二异丙酯	105-64-6	
	过氧化二碳酸二异丙酯[含量≤52%,含B型稀释剂[②]≥48%]			
	过氧化二碳酸二异丙酯[含量≤32%,含A型稀释剂[①]≥68%]			

续表

序号	品名	别名	CAS号	备注
882	过氧化二乙酰[含量≤27%,含B型稀释剂②≥73%]		110-22-5	
883	过氧化二异丙苯[52%<含量≤100%]	二枯基过氧化物;硫化剂DCP	80-43-3	
	过氧化二异丙苯[含量≤52%,含惰性固体≥48%]			
884	过氧化二异丁酰[含量≤32%,含B型稀释剂②≥68%]		3437-84-1	
	过氧化二异丁酰[32%<含量≤52%,含B型稀释剂②≥48%]			
885	过氧化二月桂酰[含量≤100%]		105-74-8	
	过氧化二月桂酰[含量≤42%,在水中稳定弥散]			
886	过氧化二正壬酰[含量≤100%]			
887	过氧化二正辛酰[含量≤100%]	过氧化正辛酰	762-16-3	
888	过氧化钙	二氧化钙	1305-79-9	
889	过氧化环己酮[含量≤72%,含A型稀释剂①≥28%]		78-18-2	
	过氧化环己酮[含量≤91%,含水≥9%]			
	过氧化环己酮[糊状物,含量≤72%]			
890	过氧化甲基环己酮[含量≤67%,含B型稀释剂②≤33%]		11118-65-3	
891	过氧化甲基乙基酮[10%<有效氧含量≤10.7%,含A型稀释剂①≥48%]		1338-23-4	
	过氧化甲基乙基酮[有效氧含量≤10%,含A型稀释剂①≥55%]			
	过氧化甲基乙基酮[有效氧含量≤8.2%,含A型稀释剂①≥60%]			
892	过氧化甲基异丙酮[活性氧含量≤6.7%,含A型稀释剂①≥70%]		182893-11-4	
893	过氧化甲基异丁基酮[含量≤62%,含A型稀释剂①≥19%]		28056-59-9	
894	过氧化钾		17014-71-0	
895	过氧化锂		12031-80-0	
896	过氧化邻苯二甲酸叔丁酯	过氧化叔丁基邻苯二甲酸酯	15042-77-0	
897	过氧化镁	二氧化镁	1335-26-8	
898	过氧化钠	双氧化钠;二氧化钠	1313-60-6	
899	过氧化脲	过氧化氢尿素;过氧化氢脲	124-43-6	
900	过氧化氢苯甲酰	过苯甲酸	93-59-4	
901	过氧化氢对孟烷	过氧化氢孟烷	80-47-7	

续表

序号	品名	别名	CAS号	备注
902	过氧化氢二叔丁基异丙基苯[42%<含量≤100%,惰性固体含量≤57%]	二-(叔丁基过氧)异丙基苯	25155-25-3	
	过氧化氢二叔丁基异丙基苯[含量≤42%,惰性固体含量≥58%]			
903	过氧化氢溶液[含量>8%]		7722-84-1	
904	过氧化氢叔丁基[79%<含量≤90%,含水≥10%]	过氧化叔丁醇;过氧化氢第三丁基;叔丁基过氧化氢	75-91-2	
	过氧化氢叔丁基[含量≤80%,含A型稀释剂①≥20%]			
	过氧化氢叔丁基[含量≤79%,含水>14%]			
	过氧化氢叔丁基[含量≤72%,含水≥28%]			
905	过氧化氢四氢化萘		771-29-9	
906	过氧化氢异丙苯[90%<含量≤98%,含A型稀释剂①≤10%]		80-15-9	
	过氧化氢异丙苯[含量≤90%,含A型稀释剂①≥10%]			
907	过氧化十八烷酰碳酸叔丁酯	叔丁基过氧化硬脂酰碳酸酯		
908	过氧化叔丁基异丙基苯[42%<含量≤100%]	1,1-二甲基乙基-1-甲基-1-苯基乙基过氧化物	3457-61-2	
	过氧化叔丁基异丙基苯[含量≤52%,惰性固体含量≥48%]			
909	过氧化双丙酮醇[含量≤57%,含B型稀释剂②≥26%,含水≥8%]		54693-46-8	
910	过氧化锶	二氧化锶	1314-18-7	
911	过氧化碳酸钠水合物	过碳酸钠	15630-89-4	
912	过氧化锌	二氧化锌	1314-22-3	
913	过氧化新庚酸叔丁酯[含量≤42%,在水中稳定弥散]		26748-38-9	
	过氧化新庚酸叔丁酯[含量≤77%,含A型稀释剂①≥23%]			
914	1-(2-过氧化乙基己醇-1,3-二甲基丁基过氧化新戊酸酯[含量≤52%,含A型稀释剂①≥45%,含B型稀释剂②≥10%]		228415-62-1	
915	过氧化乙酰苯甲酰[在溶液中含量≤45%]	乙酰过氧化苯甲酰	644-31-5	
916	过氧化乙酰丙酮[糊状物,含量≤32%,含溶剂≥44%,含水≥9%,带有惰性固体≥11%]		37187-22-7	
	过氧化乙酰丙酮[在溶液中,含量≤42%,含水≥8%,含A型稀释剂①≥48%,含有效氧≤4.7%]			

续表

序号	品名	别名	CAS 号	备注
917	过氧化异丁基甲基甲酮[在溶液中，含量≤62%，含 A 型稀释剂[①]≥19%，含甲基异丁基酮]		37206-20-5	
918	过氧化月桂酸[含量≤100%]		2388-12-7	
919	过氧化二异壬酰[含量≤100%]	过氧化二-(3，5，5-三甲基)己酰	3851-87-4	
920	过氧新癸酸枯酯[含量≤52%，在水中稳定弥散]	过氧化新癸酸异丙基苯酯；过氧化异丙苯基新癸酸酯	26748-47-0	
	过氧新癸酸枯酯[含量≤77%，含 B 型稀释剂[②]≥23%]			
	过氧新癸酸枯酯[含量≤87%，含 A 型稀释剂[①]≥13%]			
921	过氧新戊酸枯酯[含量≤77%，含 B 型稀释剂[②]≥23%]		23383-59-7	
922	1,1,3,3-过氧新戊酸四甲叔丁酯[含量≤77%，含 A 型稀释剂[①]≥23%]		22288-41-1	
923	过氧异丙基碳酸叔丁酯[含量≤77%，含 A 型稀释剂[①]≥23%]		2372-21-6	
924	过氧重碳酸二环己酯[91%<含量≤100%]	过氧化二碳酸二环己酯	1561-49-5	
	过氧重碳酸二环己酯[含量≤42%，在水中稳定弥散]			
	过氧重碳酸二环己酯[含量≤91%]			
925	过氧重碳酸二仲丁酯[52%<含量<100%]	过氧化二碳酸二仲丁酯	19910-65-7	
	过氧重碳酸二仲丁酯[含量≤52%，含 B 型稀释剂[②]≥48%]			
926	过乙酸[含量≤16%，含水≥39%，含乙酸≥15%，含过氧化氢≤24%，含有稳定剂]	过醋酸；过氧乙酸；乙酰过氧化氢	79-21-0	
	过乙酸[含量≤43%，含水≥5%，含乙酸≥35%，含过氧化氢≤6%，含有稳定剂]			
927	过乙酸叔丁酯[32%<含量≤52%，含 A 型稀释剂[①]≥48%]		107-71-1	
	过乙酸叔丁酯[52%<含量≤77%，含 A 型稀释剂[①]≥23%]			
	过乙酸叔丁酯[含量≤32%，含 B 型稀释剂[②]≥68%]			
928	海葱糖甙	红海葱甙	507-60-8	
929	氦[压缩的或液化的]		7440-59-7	
930	氨肥料[溶液，含游离氨>35%]			

续表

序号	品名	别名	CAS号	备注
931	核酸汞		12002-19-6	
932	红磷	赤磷	7723-14-0	
933	苄胺	苯甲胺	100-46-9	
934	花青甙	矢车菊甙	581-64-6	
935	环丙基甲醇		2516-33-8	
936	环丙烷		75-19-4	
937	环丁烷		287-23-0	
938	1,3,5-环庚三烯	环庚三烯	544-25-2	
939	环庚酮	软木酮	502-42-1	
940	环庚烷		291-64-5	
941	环庚烯		628-92-2	
942	环己胺	六氢苯胺;氨基环己烷	108-91-8	
943	环己二胺	1,2-二氨基环己烷	694-83-7	
944	1,3-环己二烯	1,2-二氢苯	592-57-4	
945	1,4-环己二烯	1,4-二氢苯	628-41-1	
946	2-环己基丁烷	仲丁基环己烷	7058-01-7	
947	*N*-环己基环己胺亚硝酸盐	二环己胺亚硝酸;亚硝酸二环己胺	3129-91-7	
948	环己基硫醇		1569-69-3	
949	环己基三氯硅烷		98-12-4	
950	环己基异丁烷	异丁基环己烷	1678-98-4	
951	1-环己基正丁烷	正丁基环己烷	1678-93-9	
952	环己酮		108-94-1	
953	环己烷	六氢化苯	110-82-7	
954	环己烯	1,2,3,4-四氢化苯	110-83-8	
955	2-环己烯-1-酮	环己烯酮	930-68-7	
956	环己烯基三氯硅烷		10137-69-6	
957	环三亚甲基三硝胺[含水≥15%]	黑索金;旋风炸药	121-82-4	
	环三亚甲基三硝胺[减敏的]			
958	环三亚甲基三硝胺与环四亚甲基四硝胺混合物[含水≥15%或含减敏剂≥10%]	黑索金与奥克托金混合物		
959	环三亚甲基三硝胺与三硝基甲苯和铝粉混合物	黑索金与梯恩梯和铝粉混合炸药;黑索托纳尔		
960	环三亚甲基三硝胺与三硝基甲苯混合物[干的或含水<15%]	黑索雷特		
961	环四亚甲基四硝胺[含水≥15%]	奥克托今(HMX)	2691-41-0	
	环四亚甲基四硝胺[减敏的]			

续表

序号	品名	别名	CAS号	备注
962	环四亚甲基四硝胺与三硝基甲苯混合物[干的或含水<15%]	奥克托金与梯恩梯混合炸药;奥克雷特		
963	环烷酸钴[粉状的]	萘酸钴	61789-51-3	
964	环烷酸锌	萘酸锌	12001-85-3	
965	环戊胺	氨基环戊烷	1003-03-8	
966	环戊醇	羟基环戊烷	96-41-3	
967	1,3-环戊二烯	环戊间二烯;环戊二烯	542-92-7	
968	环戊酮		120-92-3	
969	环戊烷		287-92-3	
970	环戊烯		142-29-0	
971	1,3-环辛二烯		3806-59-5	
972	1,5-环辛二烯		111-78-4	
973	1,3,5,7-环辛四烯	环辛四烯	629-20-9	
974	环辛烷		292-64-8	
975	环辛烯		931-87-3	
976	2,3-环氧-1-丙醛	缩水甘油醛	765-34-4	
977	1,2-环氧-3-乙氧基丙烷		4016-11-9	
978	2,3-环氧丙基苯基醚	双环氧丙基苯基醚	122-60-1	
979	1,2-环氧丙烷	氧化丙烯;甲基环氧乙烷	75-56-9	
980	1,2-环氧丁烷	氧化丁烯	106-88-7	
981	环氧乙烷	氧化乙烯	75-21-8	
982	环氧乙烷和氧化丙烯混合物[含环氧乙烷≤30%]	氧化乙烯和氧化丙烯混合物		
983	1,8-环氧对孟烷	桉叶油醇	470-82-6	
984	4,9-环氧,3-(2-羟基-2-甲基丁酸酯)15-(S)2-甲基丁酸酯,[3β(S),4α,7α,15α®,16β]-瑟文-3,4,7,14,15,16,20-庚醇	杰莫灵	63951-45-1	
985	黄原酸盐			
986	磺胺苯汞	磺胺汞		
987	磺化煤油			
988	混胺-02			
989	己醇钠		19779-06-7	
990	1,6-己二胺	1,6-二氨基己烷;己撑二胺	124-09-4	
991	己二腈	1,4-二氰基丁烷;氰化四亚甲基	111-69-3	
992	1,3-己二烯		592-48-3	
993	1,4-己二烯		592-45-0	

续表

序号	品名	别名	CAS 号	备注
994	1,5-己二烯		592-42-7	
995	2,4-己二烯		592-46-1	
996	己二酰二氯	己二酰氯	111-50-2	
997	己基三氯硅烷		928-65-4	
998	己腈	戊基氰;氰化正戊烷	628-73-9	
999	己硫醇	巯基己烷	111-31-9	
1000	1-己炔		693-02-7	
1001	2-己炔		764-35-2	
1002	3-己炔		928-49-4	
1003	己酸		142-62-1	
1004	2-己酮	甲基丁基甲酮	591-78-6	
1005	3-己酮	乙基丙基甲酮	589-38-8	
1006	1-己烯	丁基乙烯	592-41-6	
1007	2-己烯		592-43-8	
1008	4-己烯-1-炔-3-醇		10138-60-0	剧毒
1009	5-己烯-2-酮	烯丙基丙酮	109-49-9	
1010	己酰氯	氯化己酰	142-61-0	
1011	季戊四醇四硝酸酯[含蜡≥7%] 季戊四醇四硝酸酯[含水≥25%或含减敏剂≥15%]	泰安;喷梯尔;P. E. T. N.	78-11-5	
1012	季戊四醇四硝酸酯与三硝基甲苯混合物[干的或含水<15%]	泰安与梯恩梯混合炸药;彭托雷特		
1013	镓	金属镓	7440-55-3	
1014	甲苯	甲基苯;苯基甲烷	108-88-3	
1015	甲苯-2,4-二异氰酸酯	2,4-二异氰酸甲苯酯;2,4-TDI	584-84-9	
1016	甲苯-2,6-二异氰酸酯	2,6-二异氰酸甲苯酯;2,6-TDI	91-08-7	
1017	甲苯二异氰酸酯	二异氰酸甲苯酯;TDI	26471-62-5	
1018	甲苯-3,4-二硫酚	3,4-二巯基甲苯	496-74-2	
1019	2-甲苯硫酚	邻甲苯硫酚;2-巯基甲苯	137-06-4	
1020	3-甲苯硫酚	间甲苯硫酚;3-巯基甲苯	108-40-7	
1021	4-甲苯硫酚	对甲苯硫酚;4-巯基甲苯	106-45-6	
1022	甲醇	木醇;木精	67-56-1	
1023	甲醇钾		865-33-8	
1024	甲醇钠	甲氧基钠	124-41-4	
1025	甲醇钠甲醇溶液	甲醇钠合甲醇		
1026	2-甲酚	1-羟基-2-甲苯;邻甲酚	95-48-7	
1027	3-甲酚	1-羟基-3-甲苯;间甲酚	108-39-4	
1028	4-甲酚	1-羟基-4-甲苯;对甲酚	106-44-5	

续表

序号	品名	别名	CAS号	备注
1029	甲酚	甲苯基酸;克利沙酸;甲苯酚异构体混合物	1319-77-3	
1030	甲硅烷	硅烷;四氢化硅	7803-62-5	
1031	2-甲基-1,3-丁二烯[稳定的]	异戊间二烯;异戊二烯	78-79-5	
1032	6-甲基-1,4-二氮萘基-2,3-二硫代碳酸酯	6-甲基-1,3-二硫杂环戊烯并(4,5-b)喹喔啉-2-二酮;灭螨猛	2439-01-2	
1033	2-甲基-1-丙醇	异丁醇	78-83-1	
1034	2-甲基-1-丙硫醇	异丁硫醇	513-44-0	
1035	2-甲基-1-丁醇	活性戊醇;旋性戊醇	137-32-6	
1036	3-甲基-1-丁醇	异戊醇	123-51-3	
1037	2-甲基-1-丁硫醇		1878-18-8	
1038	3-甲基-1-丁硫醇	异戊硫醇	541-31-1	
1039	2-甲基-1-丁烯		563-46-2	
1040	3-甲基-1-丁烯	α-异戊烯;异丙基乙烯	563-45-1	
1041	3-(1-甲基-2-四氢吡咯基)吡啶硫酸盐	硫酸化烟碱	65-30-5	剧毒
1042	4-甲基-1-环己烯		591-47-9	
1043	1-甲基-1-环戊烯		693-89-0	
1044	2-甲基-1-戊醇		105-30-6	
1045	3-甲基-1-戊炔-3-醇	2-乙炔-2-丁醇	77-75-8	
1046	2-甲基-1-戊烯		763-29-1	
1047	3-甲基-1-戊烯		760-20-3	
1048	4-甲基-1-戊烯		691-37-2	
1049	2-甲基-2-丙醇	叔丁醇;三甲基甲醇;特丁醇	75-65-0	
1050	2-甲基-2-丁醇	叔戊醇	75-85-4	
1051	3-甲基-2-丁醇		598-75-4	
1052	2-甲基-2-丁硫醇	叔戊硫醇;特戊硫醇	1679-09-0	
1053	3-甲基-2-丁酮	甲基异丙基甲酮	563-80-4	
1054	2-甲基-2-丁烯	β-异戊烯	513-35-9	
1055	5-甲基-2-己酮		110-12-3	
1056	2-甲基-2-戊醇		590-36-3	
1057	4-甲基-2-戊醇	甲基异丁基甲醇	108-11-2	
1058	3-甲基-2-戊酮	甲基仲丁基甲酮	565-61-7	
1059	4-甲基-2-戊酮	甲基异丁基酮;异己酮	108-10-1	
1060	2-甲基-2-戊烯		625-27-4	
1061	3-甲基-2-戊烯		922-61-2	
1062	4-甲基-2-戊烯		4461-48-7	

续表

序号	品名	别名	CAS号	备注
1063	3-甲基-2-戊烯-4-炔醇		105-29-3	
1064	1-甲基-3-丙基苯	3-丙基甲苯	1074-43-7	
1065	2-甲基-3-丁炔-2-醇		115-19-5	
1066	2-甲基-3-戊醇		565-67-3	
1067	3-甲基-3-戊醇		77-74-7	
1068	2-甲基-3-戊酮	乙基异丙基甲酮	565-69-5	
1069	4-甲基-3-戊烯-2-酮	异丙叉丙酮;异亚丙基丙酮	141-79-7	
1070	2-甲基-3-乙基戊烷		609-26-7	
1071	2-甲基-4,6-二硝基酚	4,6-二硝基邻甲苯酚;二硝酚	534-52-1	剧毒
1072	1-甲基-4-丙基苯	4-丙基甲苯	1074-55-1	
1073	2-甲基-5-乙基吡啶		104-90-5	
1074	3-甲基-6-甲氧基苯胺	邻氨基对甲苯甲醚	120-71-8	
1075	*S*-甲基-*N*-[(甲基氨基甲酰基)-氧基]硫代乙酰胺酸酯	灭多威;*O*-甲基氨基甲酰酯-2-甲硫基乙醛肟	16752-77-5	
1076	*O*-甲基-*O*-(2-异丙氧基甲酰基苯基)硫代磷酰胺	水胺硫磷	24353-61-5	
1077	*O*-甲基-*O*-(4-溴-2,5-二氯苯基)苯基硫代磷酸酯	溴苯膦	21609-90-5	
1078	*O*-甲基-*O*-[(2-异丙氧基甲酰)苯基]-*N*-异丙基硫代磷酰胺	甲基异柳磷	99675-03-3	
1079	*O*-甲基-*S*-甲基-硫代磷酰胺	甲胺磷	10265-92-6	剧毒
1080	*O*-(甲基氨基甲酰基)-1-二甲氨基甲酰-1-甲硫基甲醛肟	杀线威	23135-22-0	
1081	*O*-甲基氨基甲酰基-2-甲基-2-(甲硫基)丙醛肟	涕灭威	116-06-3	剧毒
1082	*O*-甲基氨基甲酰基-3,3-二甲基-1-(甲硫基)丁醛肟	*O*-甲基氨基甲酰基-3,3-二甲基-1-(甲硫基)丁醛肟;久效威	39196-18-4	剧毒
1083	2-甲基苯胺	邻甲苯胺;2-氨基甲苯;邻氨基甲苯	95-53-4	
1084	3-甲基苯胺	间甲苯胺;3-氨基甲苯;间氨基甲苯	108-44-1	
1085	4-甲基苯胺	对甲基苯胺;4-氨甲苯;对氨基甲苯	106-49-0	
1086	*N*-甲基苯胺		100-61-8	
1087	甲基苯基二氯硅烷		149-74-6	
1088	α-甲基苯基甲醇	苯基甲基甲醇;α-甲基苄醇	98-85-1	
1089	2-甲基苯甲腈	邻甲苯基氰;邻甲基苯甲腈	529-19-1	
1090	3-甲基苯甲腈	间甲苯基氰;间甲基苯甲腈	620-22-4	
1091	4-甲基苯甲腈	对甲苯基氰;对甲基苯甲腈	104-85-8	

续表

序号	品名	别名	CAS号	备注
1092	4-甲基苯乙烯[稳定的]	对甲基苯乙烯	622-97-9	
1093	2-甲基吡啶	α-皮考林	109-06-8	
1094	3-甲基吡啶	β-皮考林	108-99-6	
1095	4-甲基吡啶	γ-皮考林	108-89-4	
1096	3-甲基吡唑-5-二乙基磷酸酯	吡唑磷	108-34-9	
1097	(S)-3-(1-甲基吡咯烷-2-基)吡啶	烟碱；尼古丁；1-甲基-2-(3-吡啶基)吡咯烷	54-11-5	剧毒
1098	甲基苄基溴	甲基溴化苄；α-溴代二甲苯	89-92-9	
1099	甲基苄基亚硝胺	N-甲基-N-亚磷基苯甲胺	937-40-6	
1100	甲基丙基醚	甲丙醚	557-17-5	
1101	2-甲基丙烯腈[稳定的]	异丁烯腈	126-98-7	
1102	α-甲基丙烯醛	异丁烯醛	78-85-3	
1103	甲基丙烯酸[稳定的]	异丁烯酸	79-41-4	
1104	甲基丙烯酸-2-二甲氨乙酯	二甲氨基乙基异丁烯酸酯	2867-47-2	
1105	甲基丙烯酸甲酯[稳定的]	牙托水；有机玻璃单体；异丁烯酸甲酯	80-62-6	
1106	甲基丙烯酸三硝基乙酯			
1107	甲基丙烯酸烯丙酯	2-甲基-2-丙烯酸-2-丙烯基酯	96-05-9	
1108	甲基丙烯酸乙酯[稳定的]	异丁烯酸乙酯	97-63-2	
1109	甲基丙烯酸异丁酯[稳定的]		97-86-9	
1110	甲基丙烯酸正丁酯[稳定的]		97-88-1	
1111	甲基狄戈辛		30685-43-9	
1112	3-(1-甲基丁基)苯基-N-甲基氨基甲酸酯和3-(1-乙基丙基)苯基-N-甲基氨基甲酸酯	合杀威	8065-36-9	
1113	3-甲基丁醛	异戊醛	590-86-3	
1114	2-甲基丁烷	异戊烷	78-78-4	
1115	甲基二氯硅烷	二氯甲基硅烷	75-54-7	
1116	2-甲基呋喃		534-22-5	
1117	2-甲基庚烷		592-27-8	
1118	3-甲基庚烷		589-81-1	
1119	4-甲基庚烷		589-53-7	
1120	甲基环己醇	六氢甲酚	25639-42-3	
1121	甲基环己酮		1331-22-2	
1122	甲基环己烷	六氢化甲苯；环己基甲烷	108-87-2	
1123	甲基环戊二烯		26519-91-5	
1124	甲基环戊烷		96-37-7	
1125	甲基磺酸		75-75-2	

续表

序号	品名	别名	CAS 号	备注
1126	甲基磺酰氯	氯化硫酰甲烷;甲烷磺酰氯	124-63-0	剧毒
1127	3-甲基己烷		589-34-4	
1128	甲基肼	一甲肼;甲基联氨	60-34-4	剧毒
1129	2-甲基喹啉		91-63-4	
1130	4-甲基喹啉		491-35-0	
1131	6-甲基喹啉		91-62-3	
1132	7-甲基喹啉		612-60-2	
1133	8-甲基喹啉		611-32-5	
1134	甲基氯硅烷	氯甲基硅烷	993-00-0	
1135	*N*-甲基吗啉		109-02-4	
1136	1-甲基萘	α-甲基萘	90-12-0	
1137	2-甲基萘	β-甲基萘	91-57-6	
1138	2-甲基哌啶	2-甲基六氢吡啶	109-05-7	
1139	3-甲基哌啶	3-甲基六氢吡啶	626-56-2	
1140	4-甲基哌啶	4-甲基六氢吡啶	626-58-4	
1141	*N*-甲基哌啶	*N*-甲基六氢吡啶;1-甲基哌啶	626-67-5	
1142	*N*-甲基全氟辛基磺酰胺		31506-32-8	
1143	3-甲基噻吩	甲基硫茂	616-44-4	
1144	甲基三氯硅烷	三氯甲基硅烷	75-79-6	
1145	甲基三乙氧基硅烷	三乙氧基甲基硅烷	2031-67-6	
1146	甲基胂酸锌	稻脚青	20324-26-9	
1147	甲基叔丁基甲酮	3,3-二甲基-2-丁酮;1,1,1-三甲基丙酮;甲基特丁基酮	75-97-8	
1148	甲基叔丁基醚	2-甲氧基-2-甲基丙烷;MTBE	1634-04-4	
1149	2-甲基四氢呋喃	四氢-2-甲基呋喃	96-47-9	
1150	1-甲基戊醇	仲己醇;2-己醇	626-93-7	
1151	甲基戊二烯		54363-49-4	
1152	4-甲基戊腈	异戊基氰;氰化异戊烷;异己腈	542-54-1	
1153	2-甲基戊醛	α-甲基戊醛	123-15-9	
1154	2-甲基戊烷	异己烷	107-83-5	
1155	3-甲基戊烷		96-14-0	
1156	2-甲基烯丙醇	异丁烯醇	513-42-8	
1157	甲基溴化镁[浸在乙醚中]		75-16-1	
1158	甲基乙烯醚[稳定的]	乙烯基甲醚	107-25-5	
1159	2-甲基己烷		591-76-4	
1160	甲基异丙基苯	伞花烃	99-87-6	
1161	甲基异丙烯甲酮[稳定的]		814-78-8	

续表

序号	品名	别名	CAS号	备注
1162	1-甲基异喹啉		1721-93-3	
1163	3-甲基异喹啉		1125-80-0	
1164	4-甲基异喹啉		1196-39-0	
1165	5-甲基异喹啉		62882-01-3	
1166	6-甲基异喹啉		42398-73-2	
1167	7-甲基异喹啉		54004-38-5	
1168	8-甲基异喹啉		62882-00-2	
1169	*N*-甲基正丁胺	*N*-甲基丁胺	110-68-9	
1170	甲基正丁基醚	1-甲氧基丁烷;甲丁醚	628-28-4	
1171	甲硫醇	巯基甲烷	74-93-1	
1172	甲硫醚	二甲硫;二甲基硫醚	75-18-3	
1173	甲醛溶液	福尔马林溶液	50-00-0	
1174	甲胂酸	甲基胂酸;甲次砷酸	56960-31-7	
1175	甲酸	蚁酸	64-18-6	
1176	甲酸环己酯		4351-54-6	
1177	甲酸甲酯		107-31-3	
1178	甲酸烯丙酯		1838-59-1	
1179	甲酸亚铊	甲酸铊;蚁酸铊	992-98-3	
1180	甲酸乙酯		109-94-4	
1181	甲酸异丙酯		625-55-8	
1182	甲酸异丁酯		542-55-2	
1183	甲酸异戊酯		110-45-2	
1184	甲酸正丙酯		110-74-7	
1185	甲酸正丁酯		592-84-7	
1186	甲酸正己酯		629-33-4	
1187	甲酸正戊酯		638-49-3	
1188	甲烷		74-82-8	
1189	甲烷磺酰氟	甲磺氟酰;甲基磺酰氟	558-25-8	剧毒
1190	*N*-甲酰-2-硝甲基-1,3-全氢化噻嗪			
1191	4-甲氧基-4-甲基-2-戊酮		107-70-0	
1192	2-甲氧基苯胺	邻甲氧基苯胺;邻氨基苯甲醚;邻茴香胺	90-04-0	
1193	3-甲氧基苯胺	间甲氧基苯胺;间氨基苯甲醚;间茴香胺	536-90-3	
1194	4-甲氧基苯胺	对氨基苯甲醚;对甲氧基苯胺;对茴香胺	104-94-9	
1195	甲氧基苯甲酰氯	茴香酰氯	100-07-2	
1196	4-甲氧基二苯胺-4′-氯化重氮苯	凡拉明蓝盐B;安安蓝B色盐	101-69-9	

续表

序号	品名	别名	CAS号	备注
1197	3-甲氧基乙酸丁酯	3-甲氧基丁基乙酸酯	4435-53-4	
1198	甲氧基乙酸甲酯		6290-49-9	
1199	2-甲氧基乙酸乙酯	乙酸甲基溶纤剂；乙二醇甲醚乙酸酯；乙酸乙二醇甲醚	110-49-6	
1200	甲氧基异氰酸甲酯	甲氧基甲基异氰酸酯	6427-21-0	
1201	甲乙醚	乙甲醚；甲氧基乙烷	540-67-0	
1202	甲藻毒素(二盐酸盐)	石房蛤毒素(盐酸盐)	35523-89-8	剧毒
1203	钾	金属钾	7440-09-7	
1204	钾汞齐		37340-23-1	
1205	钾合金			
1206	钾钠合金	钠钾合金	11135-81-2	
1207	间苯二甲酰氯	二氯化间苯二甲酰	99-63-8	
1208	间苯三酚	1,3,5-三羟基苯；均苯三酚	108-73-6	
1209	间硝基苯磺酸		98-47-5	
1210	间异丙基苯酚		618-45-1	
1211	碱土金属汞齐			
1212	焦硫酸汞		1537199-53-3	
1213	焦砷酸		13453-15-1	
1214	焦油酸			
1215	金属锆		7440-67-7	
	金属锆粉[干燥的]	锆粉		
1216	金属铪粉	铪粉	7440-58-6	
1217	金属镧[浸在煤油中的]		7439-91-0	
1218	金属锰粉[含水≥25%]	锰粉	7439-96-5	
1219	金属钕[浸在煤油中的]		7440-00-8	
1220	金属铷	铷	7440-17-7	
1221	金属铯	铯	7440-46-2	
1222	金属锶	锶	7440-24-6	
1223	金属钛粉[干的]		7440-32-6	
	金属钛粉[含水不低于25%，机械方法生产的，粒径小于53μm；化学方法生产的，粒径小于840μm]			
1224	精蒽		120-12-7	
1225	肼水溶液[含肼≤64%]			
1226	酒石酸化烟碱		65-31-6	
1227	酒石酸锑钾	吐酒石；酒石酸钾锑；酒石酸氧锑钾	28300-74-5	
1228	聚苯乙烯珠体[可发性的]			

续表

序号	品名	别名	CAS号	备注
1229	聚醚聚过氧叔丁基碳酸酯[含量≤52%,含B型稀释剂[2]≥48%]			
1230	聚乙醛		9002-91-9	
1231	聚乙烯聚胺	多乙烯多胺;多乙撑多胺	29320-38-5	
1232	2-莰醇	冰片;龙脑	507-70-0	
1233	莰烯	樟脑萜;莰芬	79-92-5	
1234	糠胺	2-呋喃甲胺;麸胺	617-89-0	
1235	糠醛	呋喃甲醛	98-01-1	
1236	抗霉素A		1397-94-0	剧毒
1237	氪[压缩的或液化的]		7439-90-9	
1238	喹啉	苯并吡啶;氮杂萘	91-22-5	
1239	雷汞[湿的,按质量含水或乙醇和水的混合物不低于20%]	二雷酸汞;雷酸汞	628-86-4	
1240	锂	金属锂	7439-93-2	
1241	连二亚硫酸钙		15512-36-4	
1242	连二亚硫酸钾	低亚硫酸钾	14293-73-3	
1243	连二亚硫酸钠	保险粉;低亚硫酸钠	7775-14-6	
1244	连二亚硫酸锌	亚硫酸氢锌	7779-86-4	
1245	联苯		92-52-4	
1246	3-[(3-联苯-4-基)-1,2,3,4-四氢-1-萘基]-4-羟基香豆素	鼠得克	56073-07-5	
1247	联十六烷基过氧重碳酸酯[含量≤100%]	过氧化二(十六烷基)二碳酸酯	26322-14-5	
	联十六烷基过氧重碳酸酯[含量≤42%,在水中稳定弥散]			
1248	镰刀菌酮X		23255-69-8	剧毒
1249	邻氨基苯硫醇	2-氨基硫代苯酚;2-巯基胺;邻氨基苯硫酚苯	137-07-5	
1250	邻苯二甲酸苯胺		50930-79-5	
1251	邻苯二甲酸二异丁酯		84-69-5	
1252	邻苯二甲酸酐[含马来酸酐大于0.05%]	苯酐;酞酐	85-44-9	
1253	邻苯二甲酰氯	二氯化邻苯二甲酰	88-95-9	
1254	邻苯二甲酰亚胺	酞酰亚胺	85-41-6	
1255	邻甲苯磺酰氯		133-59-5	
1256	邻硝基苯酚钾	邻硝基酚钾	824-38-4	
1257	邻硝基苯磺酸		80-82-0	
1258	邻硝基乙苯		612-22-6	
1259	邻异丙基苯酚	邻异丙基酚	88-69-7	

续表

序号	品名	别名	CAS 号	备注
1260	磷化钙	二磷化三钙	1305-99-3	
1261	磷化钾		20770-41-6	
1262	磷化铝		20859-73-8	
1263	磷化铝镁			
1264	磷化镁	二磷化三镁	12057-74-8	
1265	磷化钠		12058-85-4	
1266	磷化氢	磷化三氢；膦	7803-51-2	剧毒
1267	磷化锶		12504-13-1	
1268	磷化锡		25324-56-5	
1269	磷化锌		1314-84-7	
1270	磷酸二乙基汞	谷乐生；谷仁乐生；乌斯普龙汞制剂	2235-25-8	
1271	磷酸三甲苯酯	磷酸三甲酚酯；增塑剂 TCP	1330-78-5	
1272	磷酸亚铊		13453-41-3	
1273	9-磷杂双环壬烷	环辛二烯膦		
1274	膦酸		10294-56-1	
1275	β,β'-硫代二丙腈		111-97-7	
1276	2-硫代呋喃甲醇	糠硫醇	98-02-2	
1277	硫代甲酰胺		115-08-2	
1278	硫代磷酰氯	硫代氯化磷酰；三氯化硫磷；三氯硫磷	3982-91-0	剧毒
1279	硫代氯甲酸乙酯	氯硫代甲酸乙酯	2941-64-2	
1280	4-硫代戊醛	甲基巯基丙醛	3268-49-3	
1281	硫代乙酸	硫代醋酸	507-09-5	
1282	硫代异氰酸甲酯	异硫氰酸甲酯；甲基芥子油	556-61-6	
1283	硫化铵溶液			
1284	硫化钡		21109-95-5	
1285	硫化镉		1306-23-6	
1286	硫化汞	朱砂	1344-48-5	
1287	硫化钾	硫化二钾	1312-73-8	
1288	硫化钠	臭碱	1313-82-2	
1289	硫化氢		7783-06-4	
1290	硫磺	硫	7704-34-9	
1291	硫脲	硫代尿素	62-56-6	
1292	硫氢化钙		12133-28-7	
1293	硫氢化钠	氢硫化钠	16721-80-5	
1294	硫氰酸苄	硫氰化苄；硫氰酸苄酯	3012-37-1	

续表

序号	品名	别名	CAS号	备注
1295	硫氰酸钙	硫氰化钙	2092-16-2	
1296	硫氰酸汞		592-85-8	
1297	硫氰酸汞铵		20564-21-0	
1298	硫氰酸汞钾		14099-12-8	
1299	硫氰酸甲酯		556-64-9	
1300	硫氰酸乙酯		542-90-5	
1301	硫氰酸异丙酯		625-59-2	
1302	硫酸		7664-93-9	
1303	硫酸-2,4-二氨基甲苯	2,4-二氨基甲苯硫酸	65321-67-7	
1304	硫酸-2,5-二氨基甲苯	2,5-二氨基甲苯硫酸	615-50-9	
1305	硫酸-2,5-二乙氧基-4-(4-吗啉基)-重氮苯		32178-39-5	
1306	硫酸-4,4′-二氨基联苯	硫酸联苯胺;联苯胺硫酸	531-86-2	
1307	硫酸-4-氨基-*N*,*N*-二甲基苯胺	*N*,*N*-二甲基对苯二胺硫酸;对氨基-*N*,*N*-二甲基苯胺硫酸	536-47-0	
1308	硫酸苯胺		542-16-5	
1309	硫酸苯肼	苯肼硫酸	2545-79-1	
1310	硫酸对苯二胺	硫酸对二氨基苯	16245-77-5	
1311	硫酸二甲酯	硫酸甲酯	77-78-1	
1312	硫酸二乙酯	硫酸乙酯	64-67-5	
1313	硫酸镉		10124-36-4	
1314	硫酸汞	硫酸高汞	7783-35-9	
1315	硫酸钴		10124-43-3	
1316	硫酸间苯二胺	硫酸间二氨基苯	541-70-8	
1317	硫酸马钱子碱	二甲氧基士的宁硫酸盐	4845-99-2	
1318	硫酸镍		7786-81-4	
1319	硫酸铍		13510-49-1	
1320	硫酸铍钾		53684-48-3	
1321	硫酸铅[含游离酸>3%]		7446-14-2	
1322	硫酸羟胺	硫酸胲	10039-54-0	
1323	硫酸氢-2-(*N*-乙羰基甲氨基)-4-(3,4-二甲基苯磺酰)重氮苯			
1324	硫酸氢铵	酸式硫酸铵	7803-63-6	
1325	硫酸氢钾	酸式硫酸钾	7646-93-7	
1326	硫酸氢钠	酸式硫酸钠	7681-38-1	
	硫酸氢钠溶液	酸式硫酸钠溶液		

续表

序号	品名	别名	CAS 号	备注
1327	硫酸三乙基锡		57-52-3	剧毒
1328	硫酸铊	硫酸亚铊	7446-18-6	剧毒
1329	硫酸亚汞		7783-36-0	
1330	硫酸氧钒	硫酸钒酰	27774-13-6	
1331	硫酰氟	氟化磺酰	2699-79-8	
1332	六氟-2,3-二氯-2-丁烯	2,3-二氯六氟-2-丁烯	303-04-8	剧毒
1333	六氟丙酮	全氟丙酮	684-16-2	
1334	六氟丙酮水合物	全氟丙酮水合物；水合六氟丙酮	13098-39-0	
1335	六氟丙烯	全氟丙烯	116-15-4	
1336	六氟硅酸镁	氟硅酸镁	16949-65-8	
1337	六氟合硅酸钡	氟硅酸钡	17125-80-3	
1338	六氟合硅酸锌	氟硅酸锌	16871-71-9	
1339	六氟合磷氢酸[无水]	六氟代磷酸	16940-81-1	
1340	六氟化碲		7783-80-4	
1341	六氟化硫		2551-62-4	
1342	六氟化钨		7783-82-6	
1343	六氟化硒		7783-79-1	
1344	六氟乙烷	R116；全氟乙烷	76-16-4	
1345	3,3,6,6,9,9-六甲基-1,2,4,5-四氧环壬烷[含量52%～100%]		22397-33-7	
	3,3,6,6,9,9-六甲基-1,2,4,5-四氧环壬烷[含量≤52%，含A型稀释剂[①]≥48%]			
	3,3,6,6,9,9-六甲基-1,2,4,5-四氧环壬烷[含量≤52%，含B型稀释剂[②]≥48%]			
1346	六甲基二硅醚	六甲基氧二硅烷	107-46-0	
1347	六甲基二硅烷		1450-14-2	
1348	六甲基二硅烷胺	六甲基二硅亚胺	999-97-3	
1349	六氢-3*a*,7*a*-二甲基-4,7-环氧异苯并呋喃-1,3-二酮	斑蝥素	56-25-7	
1350	六氯-1,3-丁二烯	六氯丁二烯；全氯-1,3-丁二烯	87-68-3	
1351	(1*R*，4*S*，4*aS*，5*R*，6*R*，7*S*，8*S*，8*aR*)-1,2,3,4,10,10-六氯-1,4,4*a*,5,6,7,8,8*a*-八氢-6,7-环氧-1,4,5,8-二亚甲基萘[含量2%～90%]	狄氏剂	60-57-1	剧毒
1352	(1*R*,4*S*,5*R*,8*S*)-1,2,3,4,10,10-六氯-1,4,4*a*,5,6,7,8,8*a*-八氢-6,7-环氧-1,4;5,8-二亚甲基萘[含量>5%]	异狄氏剂	72-20-8	剧毒

续表

序号	品名	别名	CAS号	备注
1353	1,2,3,4,10,10-六氯-1,4,4*a*,5,8,8*a*-六氢-1,4-挂-5,8-挂二亚甲基萘[含量>10%]	异艾氏剂	465-73-6	剧毒
1354	1,2,3,4,10,10-六氯-1,4,4*a*,5,8,8*a*-六氢-1,4:5,8-桥,挂-二甲撑萘[含量>75%]	六氯-六氢-二甲撑萘;艾氏剂	309-00-2	剧毒
1355	(1,4,5,6,7,7-六氯-8,9,10-三降冰片-5-烯-2,3-亚基双亚甲基)亚硫酸酯	1,2,3,4,7,7-六氯双环[2,2,1]庚烯-(2)-双羟甲基-5,6-亚硫酸酯;硫丹	115-29-7	
1356	六氯苯	六氯代苯;过氯苯;全氯代苯	118-74-1	
1357	六氯丙酮		116-16-5	
1358	六氯环戊二烯	全氯环戊二烯	77-47-4	剧毒
1359	*α*-六氯环己烷		319-84-6	
1360	*β*-六氯环己烷		319-85-7	
1361	*γ*-(1,2,4,5/3,6)-六氯环己烷	林丹	58-89-9	
1362	1,2,3,4,5,6-六氯环己烷	六氯化苯;六六六	608-73-1	
1363	六氯乙烷	全氯乙烷;六氯化碳	67-72-1	
1364	六硝基-1,2-二苯乙烯	六硝基芪	20062-22-0	
1365	六硝基二苯胺	六硝炸药;二苦基胺	131-73-7	
1366	六硝基二苯胺铵盐	曙黄	2844-92-0	
1367	六硝基二苯硫	二苦基硫	28930-30-5	
1368	六溴二苯醚		36483-60-0	
1369	2,2′,4,4′,5,5′-六溴二苯醚		68631-49-2	
1370	2,2′,4,4′,5,6′-六溴二苯醚		207122-15-4	
1371	六溴环十二烷			
1372	六溴联苯		36355-01-8	
1373	六亚甲基二异氰酸酯	六甲撑二异氰酸酯;1,6-二异氰酸己烷;己撑二异氰酸酯;1,6-己二异氰酸酯	822-06-0	
1374	*N*,*N*-六亚甲基硫代氨基甲酸-*S*-乙酯	禾草敌	2212-67-1	
1375	六亚甲基四胺	六甲撑四胺;乌洛托品	100-97-0	
1376	六亚甲基亚胺	高哌啶	111-49-9	
1377	铝粉		7429-90-5	
1378	铝镍合金氢化催化剂			
1379	铝酸钠[固体]		1302-42-7	
	铝酸钠[溶液]			
1380	铝铁熔剂			
1381	氯	液氯;氯气	7782-50-5	剧毒

续表

序号	品名	别名	CAS 号	备注
1382	1-氯-1,1-二氟乙烷	R142;二氟氯乙烷	75-68-3	
1383	3-氯-1,2-丙二醇	α-氯代丙二醇;3-氯-1,2-二羟基丙烷;α-氯甘油;3-氯代丙二醇	96-24-2	
1384	2-氯-1,3-丁二烯[稳定的]	氯丁二烯	126-99-8	
1385	2-氯-1-丙醇	2-氯-1-羟基丙烷	78-89-7	
1386	3-氯-1-丙醇	三亚甲基氯醇	627-30-5	
1387	3-氯-1-丁烯		563-52-0	
1388	1-氯-1-硝基丙烷	1-硝基-1-氯丙烷	600-25-9	
1389	2-氯-1-溴丙烷	1-溴-2-氯丙烷	3017-96-7	
1390	1-氯-2,2,2-三氟乙烷	R133a	75-88-7	
1391	1-氯-2,3-环氧丙烷	环氧氯丙烷;3-氯-1,2-环氧丙烷	106-89-8	
1392	1-氯-2,4-二硝基苯	2,4-二硝基氯苯	97-00-7	
1393	4-氯-2-氨基苯酚	2-氨基-4-氯苯酚;对氯邻氨基苯酚	95-85-2	
1394	1-氯-2-丙醇	氯异丙醇;丙氯仲醇	127-00-4	
1395	1-氯-2-丁烯		591-97-9	
1396	5-氯-2-甲基苯胺	5-氯邻甲苯胺;2-氨基-4-氯甲苯	95-79-4	
1397	*N*-(4-氯-2-甲基苯基)-*N*′,*N*′-二甲基甲脒	杀虫脒	6164-98-3	
1398	3-氯-2-甲基丙烯	2-甲基-3-氯丙烯;甲基烯丙基氯;氯化异丁烯;1-氯-2-甲基-2-丙烯	563-47-3	
1399	2-氯-2-甲基丁烷	叔戊基氯;氯代叔戊烷	594-36-5	
1400	5-氯-2-甲氧基苯胺	4-氯-2-氨基苯甲醚	95-03-4	
1401	4-氯-2-硝基苯胺	对氯邻硝基苯胺	89-63-4	
1402	4-氯-2-硝基苯酚		89-64-5	
1403	4-氯-2-硝基苯酚钠盐		52106-89-5	
1404	4-氯-2-硝基甲苯	对氯邻硝基甲苯	89-59-8	
1405	1-氯-2-溴丙烷	2-溴-1-氯丙烷	3017-95-6	
1406	1-氯-2-溴乙烷	1-溴-2-氯乙烷;氯乙基溴	107-04-0	
1407	4-氯间甲酚	2-氯-5-羟基甲苯;4-氯-3-甲酚	59-50-7	
1408	1-氯-3-甲基丁烷	异戊基氯;氯代异戊烷	107-84-6	
1409	1-氯-3-溴丙烷	3-溴-1-氯丙烷	109-70-6	
1410	2-氯-4,5-二甲基苯基-*N*-甲基氨基甲酸酯	氯灭杀威	671-04-5	
1411	2-氯-4-二甲氨基-6-甲基嘧啶	鼠立死	535-89-7	
1412	3-氯-4-甲氧基苯胺	2-氯-4-氨基苯甲醚;邻氯对氨基苯甲醚	5345-54-0	

续表

序号	品名	别名	CAS 号	备注
1413	2-氯-4-硝基苯胺	邻氯对硝基苯胺	121-87-9	
1414	氯苯	一氯化苯	108-90-7	
1415	2-氯苯胺	邻氯苯胺；邻氨基氯苯	95-51-2	
1416	3-氯苯胺	间氨基氯苯；间氯苯胺	108-42-9	
1417	4-氯苯胺	对氯苯胺；对氨基氯苯	106-47-8	
1418	2-氯苯酚	2-羟基氯苯；2-氯-1-羟基苯；邻氯苯酚；邻羟基氯苯	95-57-8	
1419	3-氯苯酚	3-羟基氯苯；3-氯-1-羟基苯；间氯苯酚；间羟基氯苯	108-43-0	
1420	4-氯苯酚	4-羟基氯苯；4-氯-1-羟基苯；对氯苯酚；对羟基氯苯	106-48-9	
1421	3-氯苯过氧甲酸［57%＜含量≤86%，惰性固体含量≥14%］ 3-氯苯过氧甲酸［含量≤57%，惰性固体含量≤3%，含水≥40%］ 3-氯苯过氧甲酸［含量≤77%，惰性固体含量≥6%，含水≥17%］		937-14-4	
1422	2-［(*RS*)-2-(4-氯苯基)-2-苯基乙酰基］-2，3-二氢-1，3-茚二酮［含量＞4%］	2-(苯基对氯苯基乙酰)茚满-1，3-二酮；氯鼠酮	3691-35-8	剧毒
1423	*N*-(3-氯苯基)氨基甲酸(4-氯丁炔-2-基)脂	燕麦灵	101-27-9	
1424	氯苯基三氯硅烷		26571-79-9	
1425	2-氯苯甲酰氯	邻氯苯甲酰氯；氯化邻氯苯甲酰	609-65-4	
1426	4-氯苯甲酰氯	对氯苯甲酰氯；氯化对氯苯甲酰	122-01-0	
1427	2-氯苯乙酮	氯乙酰苯；氯苯乙酮；苯基氯甲基甲酮；苯酰甲基氯；α-氯苯乙酮	532-27-4	
1428	2-氯吡啶		109-09-1	
1429	4-氯苄基氯	对氯苄基氯；对氯苯甲基氯	104-83-6	
1430	3-氯丙腈	β-氯丙腈；氰化-β-氯乙烷	542-76-7	
1431	2-氯丙酸	2-氯代丙酸	598-78-7	
1432	3-氯丙酸	3-氯代丙酸	107-94-8	
1433	2-氯丙酸甲酯		17639-93-9；77287-29-7	
1434	2-氯丙酸乙酯		535-13-7	
1435	3-氯丙酸乙酯		623-71-2	
1436	2-氯丙酸异丙酯		40058-87-5；79435-04-4	
1437	1-氯丙烷	氯正丙烷；丙基氯	540-54-5	

续表

序号	品名	别名	CAS号	备注
1438	2-氯丙烷	氯异丙烷;异丙基氯	75-29-6	
1439	2-氯丙烯	异丙烯基氯	557-98-2	
1440	3-氯丙烯	α-氯丙烯;烯丙基氯	107-05-1	
1441	氯铂酸		16941-12-1	
1442	氯代膦酸二乙酯	氯化磷酸二乙酯	814-49-3	剧毒
1443	氯代叔丁烷	叔丁基氯;特丁基氯	507-20-0	
1444	氯代异丁烷	异丁基氯	513-36-0	
1445	氯代正己烷	氯代己烷;己基氯	544-10-5	
1446	1-氯丁烷	正丁基氯;氯代正丁烷	109-69-3	
1447	2-氯丁烷	仲丁基氯;氯代仲丁烷	78-86-4	
1448	氯锇酸铵	氯化锇铵	12125-08-5	
1449	氯二氟甲烷和氯五氟乙烷共沸物	R502		
1450	氯二氟溴甲烷	R12B1;二氟氯溴甲烷;溴氯二氟甲烷;哈龙-1211	353-59-3	
1451	2-氯氟苯	邻氯氟苯;2-氟氯苯;邻氟氯苯	348-51-6	
1452	3-氯氟苯	间氯氟苯;3-氟氯苯;间氟氯苯	625-98-9	
1453	4-氯氟苯	对氯氟苯;4-氟氯苯;对氟氯苯	352-33-0	
1454	2-氯汞苯酚		90-03-9	
1455	4-氯汞苯甲酸	对氯化汞苯甲酸	59-85-8	
1456	氯化铵汞	白降汞,氯化汞铵	10124-48-8	
1457	氯化钡		10361-37-2	
1458	氯化苯汞		100-56-1	
1459	氯化苄	α-氯甲苯;苄基氯	100-44-7	
1460	氯化二硫酰	二硫酰氯;焦硫酰氯	7791-27-7	
1461	氯化二烯丙托锡弗林		15180-03-7	
1462	氯化二乙基铝		96-10-6	
1463	氯化镉		10108-64-2	
1464	氯化汞	氯化高汞;二氯化汞;升汞	7487-94-7	剧毒
1465	氯化钴		7646-79-9	
1466	氯化琥珀胆碱	司克林;氯琥珀胆碱;氯化琥珀酰胆碱	71-27-2	
1467	氯化环戊烷		930-28-9	
1468	氯化甲基汞		115-09-3	
1469	氯化甲氧基乙基汞		123-88-6	
1470	氯化钾汞	氯化汞钾	20582-71-2	
1471	4-氯化联苯	对氯化联苯;联苯基氯	2051-62-9	
1472	1-氯化萘	α-氯化萘	90-13-1	

续表

序号	品名	别名	CAS号	备注
1473	氯化镍	氯化亚镍	7718-54-9	
1474	氯化铍		7787-47-5	
1475	氯化氢[无水]		7647-01-0	
1476	氯化氰	氰化氯；氯甲腈	506-77-4	剧毒
1477	氯化铜		7447-39-4	
1478	α-氯化筒箭毒碱	氯化南美防己碱；氢氧化吐巴寇拉令碱；氯化箭毒块茎碱；氯化管箭毒碱	57-94-3	
1479	氯化硒	二氯化二硒	10025-68-0	
1480	氯化锌		7646-85-7	
	氯化锌溶液			
1481	氯化锌-2-(2-羟乙氧基)-1(吡咯烷-1-基)重氮苯			
1482	氯化锌-2-(N-氧羰基苯氨基)-3-甲氧基-4-(N-甲基环己氨基)重氮苯			
1483	氯化锌-2,5-二乙氧基-4-(4-甲苯磺酰)重氮苯			
1484	氯化锌-2,5-二乙氧基-4-苯璜酰重氮苯			
1485	氯化锌-2,5-二乙氧基-4-吗啉代重氮苯		26123-91-1	
1486	氯化锌-3-(2-羟乙氧基)-4(吡咯烷-1-基)重氮苯		105185-95-3	
1487	氯化锌-3-氯-4-二乙氨基重氮苯	晒图盐 BG	15557-00-3	
1488	氯化锌-4-苄甲氨基-3-乙氧基重氮苯		4421-50-5	
1489	氯化锌-4-苄乙氨基-3-乙氧基重氮苯		21723-86-4	
1490	氯化锌-4-二丙氨基重氮苯		33864-17-4	
1491	氯化锌-4-二甲氧基-6-(2-二甲氨乙氧基)-2-重氮甲苯			
1492	氯化溴	溴化氯	13863-41-7	
1493	氯化亚砜	亚硫酰二氯；二氯氧化硫；亚硫酰氯	7719-09-7	
1494	氯化亚汞	甘汞	10112-91-1	
1495	氯化亚铊	一氯化铊；一氧化二铊	7791-12-0	
1496	氯化乙基汞		107-27-7	
1497	氯磺酸	氯化硫酸；氯硫酸	7790-94-5	
1498	2-氯甲苯	邻氯甲苯	95-49-8	
1499	3-氯甲苯	间氯甲苯	108-41-8	
1500	4-氯甲苯	对氯甲苯	106-43-4	

续表

序号	品名	别名	CAS号	备注
1501	氯甲苯胺异构体混合物			
1502	氯甲基甲醚	甲基氯甲醚;氯二甲醚	107-30-2	剧毒
1503	氯甲基三甲基硅烷	三甲基氯甲硅烷	2344-80-1	
1504	氯甲基乙醚	氯甲基乙基醚	3188-13-4	
1505	氯甲酸-2-乙基己酯		24468-13-1	
1506	氯甲酸苯酯		1885-14-9	
1507	氯甲酸苄酯	苯甲氧基碳酰氯	501-53-1	
1508	氯甲酸环丁酯		81228-87-7	
1509	氯甲酸甲酯	氯碳酸甲酯	79-22-1	剧毒
1510	氯甲酸氯甲酯		22128-62-7	
1511	氯甲酸三氯甲酯	双光气	503-38-8	
1512	氯甲酸烯丙基酯[稳定的]		2937-50-0	
1513	氯甲酸乙酯	氯碳酸乙酯	541-41-3	剧毒
1514	氯甲酸异丙酯		108-23-6	
1515	氯甲酸异丁酯		543-27-1	
1516	氯甲酸正丙酯	氯甲酸丙酯	109-61-5	
1517	氯甲酸正丁酯	氯甲酸丁酯	592-34-7	
1518	氯甲酸仲丁酯		17462-58-7	
1519	氯甲烷	R40;甲基氯;一氯甲烷	74-87-3	
1520	氯甲烷和二氯甲烷混合物			
1521	2-氯间甲酚	2-氯-3-羟基甲苯	608-26-4	
1522	6-氯间甲酚	4-氯-5-羟基甲苯	615-74-7	
1523	4-氯邻甲苯胺盐酸盐	盐酸-4-氯-2-甲苯胺	3165-93-3	
1524	*N*-(4-氯邻甲苯基)-*N*,*N*-二甲基甲脒盐酸盐	杀虫脒盐酸盐	19750-95-9	
1525	2-氯三氟甲苯	邻氯三氟甲苯	88-16-4	
1526	3-氯三氟甲苯	间氯三氟甲苯	98-15-7	
1527	4-氯三氟甲苯	对氯三氟甲苯	98-56-6	
1528	氯三氟甲烷和三氟甲烷共沸物	R503		
1529	氯四氟乙烷	R124	63938-10-3	
1530	氯酸铵		10192-29-7	
1531	氯酸钡		13477-00-4	
1532	氯酸钙		10137-74-3	
	氯酸钙溶液			
1533	氯酸钾		3811-04-9	
	氯酸钾溶液			

续表

序号	品名	别名	CAS号	备注
1534	氯酸镁		10326-21-3	
1535	氯酸钠		7775-09-9	
	氯酸钠溶液			
1536	氯酸溶液[浓度≤10%]		7790-93-4	
1537	氯酸铯		13763-67-2	
1538	氯酸锶		7791-10-8	
1539	氯酸铊		13453-30-0	
1540	氯酸铜		26506-47-8	
1541	氯酸锌		10361-95-2	
1542	氯酸银		7783-92-8	
1543	1-氯戊烷	氯代正戊烷	543-59-9	
1544	2-氯硝基苯	邻氯硝基苯	88-73-3	
1545	3-氯硝基苯	间氯硝基苯	121-73-3	
1546	4-氯硝基苯	对氯硝基苯;1-氯-4-硝基苯	100-00-5	
1547	氯硝基苯异构体混合物	混合硝基氯化苯;冷母液	25167-93-5	
1548	氯溴甲烷	甲撑溴氯;溴氯甲烷	74-97-5	
1549	2-氯乙醇	乙撑氯醇;氯乙醇	107-07-3	剧毒
1550	氯乙腈	氰化氯甲烷;氯甲基氰	107-14-2	
1551	氯乙酸	氯醋酸;一氯醋酸	79-11-8	
1552	氯乙酸丁酯	氯醋酸丁酯	590-02-3	
1553	氯乙酸酐	氯醋酸酐	541-88-8	
1554	氯乙酸甲酯	氯醋酸甲酯	96-34-4	
1555	氯乙酸钠		3926-62-3	
1556	氯乙酸叔丁酯	氯醋酸叔丁酯	107-59-5	
1557	氯乙酸乙烯酯	氯醋酸乙烯酯;乙烯基氯乙酸酯	2549-51-1	
1558	氯乙酸乙酯	氯醋酸乙酯	105-39-5	
1559	氯乙酸异丙酯	氯醋酸异丙酯	105-48-6	
1560	氯乙烷	乙基氯	75-00-3	
1561	氯乙烯[稳定的]	乙烯基氯	75-01-4	
1562	2-氯乙酰-*N*-乙酰苯胺	邻氯乙酰-*N*-乙酰苯胺	93-70-9	
1563	氯乙酰氯	氯化氯乙酰	79-04-9	
1564	4-氯正丁酸乙酯		3153-36-4	
1565	马来酸酐	马来酐;失水苹果酸酐;顺丁烯二酸酐	108-31-6	

续表

序号	品名	别名	CAS号	备注
1566	吗啉		110-91-8	
1567	煤焦酚	杂酚；粗酚	65996-83-0	
1568	煤焦沥青	焦油沥青；煤沥青；煤膏	65996-93-2	
1569	煤焦油		8007-45-2	
1570	煤气			
1571	煤油	火油；直馏煤油	8008-20-6	
1572	镁		7439-95-4	
1573	镁合金[片状、带状或条状，含镁＞50％]			
1574	镁铝粉			
1575	锰酸钾		10294-64-1	
1576	迷迭香油		8000-25-7	
1577	米许合金[浸在煤油中的]			
1578	脒基亚硝氨基脒基叉肼[含水≥30％]			
1579	脒基亚硝氨基脒基四氮烯[湿的，按质量含水或乙醇和水的混合物不低于30％]	四氮烯；特屈拉辛	109-27-3	
1580	木防己苦毒素	苦毒浆果（木防己属）	124-87-8	
1581	木馏油	木焦油	8021-39-4	
1582	钠	金属钠	7440-23-5	
1583	钠石灰[含氢氧化钠＞4％]	碱石灰	8006-28-8	
1584	氖[压缩的或液化的]		7440-01-9	
1585	萘	粗萘；精萘；萘饼	91-20-3	
1586	1-萘胺	α-萘胺；1-氨基萘	134-32-7	
1587	2-萘胺	β-萘胺；2-氨基萘	91-59-8	
1588	1，8-萘二甲酸酐	萘酐	81-84-5	
1589	萘磺汞	双苯汞亚甲基二萘磺酸酯；汞加芬；双萘磺酸苯汞	14235-86-0	
1590	1-萘基硫脲	α-萘硫脲；安妥	86-88-4	
1591	1-萘甲腈	萘甲腈；α-萘甲腈	86-53-3	
1592	1-萘氧基二氯化膦		91270-74-5	
1593	镍催化剂[干燥的]			
1594	2，2′-偶氮-二-(2，4-二甲基-4-甲氧基戊腈）		15545-97-8	
1595	2，2′-偶氮-二-(2，4-二甲基戊腈）	偶氮二异庚腈	4419-11-8	
1596	2，2′-偶氮二-(2-甲基丙酸乙酯）		3879-07-0	

续表

序号	品名	别名	CAS号	备注
1597	2,2′-偶氮-二-(2-甲基丁腈)		13472-08-7	
1598	1,1′-偶氮-二-(六氢苄腈)	1,1′-偶氮二(环己基甲腈)	2094-98-6	
1599	偶氮二甲酰胺	发泡剂AC;二氮烯二甲酰胺	123-77-3	
1600	2,2′-偶氮二异丁腈	发泡剂N;ADIN;2-甲基丙腈	78-67-1	
1601	哌啶	六氢吡啶;氮己环	110-89-4	
1602	哌嗪	对二氮己环	110-85-0	
1603	α-蒎烯	α-松油萜	80-56-8	
1604	β-蒎烯		127-91-3	
1605	硼氢化钾	氢硼化钾	13762-51-1	
1606	硼氢化锂	氢硼化锂	16949-15-8	
1607	硼氢化铝	氢硼化铝	16962-07-5	
1608	硼氢化钠	氢硼化钠	16940-66-2	
1609	硼酸		10043-35-3	
1610	硼酸三甲酯	三甲氧基硼烷	121-43-7	
1611	硼酸三乙酯	三乙氧基硼烷	150-46-9	
1612	硼酸三异丙酯	硼酸异丙酯	5419-55-6	
1613	铍粉		7440-41-7	
1614	偏钒酸铵		7803-55-6	
1615	偏钒酸钾		13769-43-2	
1616	偏高碘酸钾			
1617	偏高碘酸钠			
1618	偏硅酸钠	三氧硅酸二钠	6834-92-0	
1619	偏砷酸		10102-53-1	
1620	偏砷酸钠		15120-17-9	
1621	漂白粉			
1622	漂粉精[含有效氯>39%]	高级晒粉		
1623	葡萄糖酸汞		63937-14-4	
1624	七氟丁酸	全氟丁酸	375-22-4	
1625	七硫化四磷	七硫化磷	12037-82-0	
1626	七溴二苯醚		68928-80-3	
1627	2,2′,3,3′,4,5′,6′-七溴二苯醚		446255-22-7	
1628	2,2′,3,4,4′,5′,6-七溴二苯醚		207122-16-5	
1629	1,4,5,6,7,8,8-七氯-3a,4,7,7a-四氢-4,7-亚甲基茚	七氯	76-44-8	

续表

序号	品名	别名	CAS号	备注
1630	汽油		86290-81-5	
1630	乙醇汽油			
1630	甲醇汽油			
1631	铅汞齐			
1632	1-羟环丁-1-烯-3,4-二酮	半方形酸	31876-38-7	
1633	3-羟基-1,1-二甲基丁基过氧新癸酸[含量≤52%,含A型稀释剂①≥48%]		95718-78-8	
1633	3-羟基-1,1-二甲基丁基过氧新癸酸[含量≤52%,在水中稳定弥散]		95718-78-8	
1633	3-羟基-1,1-二甲基丁基过氧新癸酸[含量≤77%,含A型稀释剂①≥23%]		95718-78-8	
1634	*N*-3-[1-羟基-2-(甲氨基)乙基]苯基甲烷磺酰胺甲磺酸盐	酰胺福林-甲烷磺酸盐	1421-68-7	
1635	3-羟基-2-丁酮	乙酰甲基甲醇	513-86-0	
1636	4-羟基-4-甲基-2-戊酮	双丙酮醇	123-42-2	
1637	2-羟基丙腈	乳腈	78-97-7	剧毒
1638	2-羟基丙酸甲酯	乳酸甲酯	547-64-8	
1639	2-羟基丙酸乙酯	乳酸乙酯	97-64-3	
1640	3-羟基丁醛	3-丁醇醛;丁间醇醛	107-89-1	
1641	羟基甲基汞		1184-57-2	
1642	羟基乙腈	乙醇腈	107-16-4	剧毒
1643	羟基乙硫醚	α-乙硫基乙醇	110-77-0	
1644	3-(2-羟基乙氧基)-4-吡咯烷基-1-苯重氮氯化锌盐			
1645	2-羟基异丁酸乙酯	2-羟基-2-甲基丙酸乙酯	80-55-7	
1646	羟间唑啉(盐酸盐)		2315-02-8	剧毒
1647	*N*-(2-羟乙基)-*N*-甲基全氟辛基磺酰胺		24448-09-7	
1648	氢	氢气	1333-74-0	
1649	氢碘酸	碘化氢溶液	10034-85-2	
1650	氢氟酸	氟化氢溶液	7664-39-3	
1651	氢过氧化蒎烷[56%<含量≤100%]		28324-52-9	
1651	氢过氧化蒎烷[含量≤56%,含A型稀释剂①≥44%]		28324-52-9	
1652	氢化钡		13477-09-3	
1653	氢化钙		7789-78-8	

续表

序号	品名	别名	CAS号	备注
1654	氢化锆		7704-99-6	
1655	氢化钾		7693-26-7	
1656	氢化锂		7580-67-8	
1657	氢化铝		7784-21-6	
1658	氢化铝锂	四氢化铝锂	16853-85-3	
1659	氢化铝钠	四氢化铝钠	13770-96-2	
1660	氢化镁	二氢化镁	7693-27-8	
1661	氢化钠		7646-69-7	
1662	氢化钛		7704-98-5	
1663	氢气和甲烷混合物			
1664	氢氰酸[含量≤20%]		74-90-8	
	氢氰酸蒸熏剂			
1665	氢溴酸	溴化氢溶液	10035-10-6	
1666	氢氧化钡		17194-00-2	
1667	氢氧化钾	苛性钾	1310-58-3	
	氢氧化钾溶液[含量≥30%]			
1668	氢氧化锂		1310-65-2	
	氢氧化锂溶液			
1669	氢氧化钠	苛性钠;烧碱	1310-73-2	
	氢氧化钠溶液[含量≥30%]			
1670	氢氧化铍		13327-32-7	
1671	氢氧化铷		1310-82-3	
	氢氧化铷溶液			
1672	氢氧化铯		21351-79-1	
	氢氧化铯溶液			
1673	氢氧化铊		17026-06-1	
1674	柴油③			
1675	氰	氰气	460-19-5	
1676	氰氨化钙[含碳化钙>0.1%]	石灰氮	156-62-7	
1677	氰胍甲汞	氰甲汞胍	502-39-6	剧毒
1678	氰化钡		542-62-1	
1679	氰化碘	碘化氰	506-78-5	
1680	氰化钙		592-01-8	
1681	氰化镉		542-83-6	剧毒

续表

序号	品名	别名	CAS 号	备注
1682	氰化汞	氰化高汞;二氰化汞	592-04-1	
1683	氰化汞钾	汞氰化钾;氰化钾汞	591-89-9	
1684	氰化钴(Ⅱ)		542-84-7	
1685	氰化钴(Ⅲ)		14965-99-2	
1686	氰化钾	山奈钾	151-50-8	剧毒
1687	氰化金		506-65-0	
1688	氰化钠	山奈	143-33-9	剧毒
1689	氰化钠铜锌			
1690	氰化镍	氰化亚镍	557-19-7	
1691	氰化镍钾	氰化钾镍	14220-17-8	
1692	氰化铅		592-05-2	
1693	氰化氢	无水氢氰酸	74-90-8	剧毒
1694	氰化铈			
1695	氰化铜	氰化高铜	14763-77-0	
1696	氰化锌		557-21-1	
1697	氰化溴	溴化氰	506-68-3	
1698	氰化金钾		14263-59-3	
1699	氰化亚金钾		13967-50-5	
1700	氰化亚铜		544-92-3	
1701	氰化亚铜三钾	氰化亚铜钾	13682-73-0	
1702	氰化亚铜三钠	紫铜盐;紫铜矾;氰化铜钠	14264-31-4	
	氰化亚铜三钠溶液			
1703	氰化银		506-64-9	
1704	氰化银钾	银氰化钾	506-61-6	剧毒
1705	(*RS*)-α-氰基-3-苯氧基苄基(*SR*)-3-(2,2-二氯乙烯基)-2,2-二甲基环丙烷羧酸酯	氯氰菊酯	52315-07-8	
1706	4-氰基苯甲酸	对氰基苯甲酸	619-65-8	
1707	氰基乙酸	氰基醋酸	372-09-8	
1708	氰基乙酸乙酯	氰基醋酸乙酯;乙基氰基乙酸酯	105-56-6	
1709	氰尿酰氯	三聚氰酰氯;三聚氯化氰	108-77-0	
1710	氰熔体			

续表

序号	品名	别名	CAS号	备注
1711	2-巯基丙酸	硫代乳酸	79-42-5	
1712	5-巯基四唑并-1-乙酸			
1713	2-巯基乙醇	硫代乙二醇;2-羟基-1-乙硫醇	60-24-2	
1714	巯基乙酸	氢硫基乙酸;硫代乙醇酸	68-11-1	
1715	全氟辛基磺酸		1763-23-1	
1716	全氟辛基磺酸铵		29081-56-9	
1717	全氟辛基磺酸二癸二甲基铵		251099-16-8	
1718	全氟辛基磺酸二乙醇铵		70225-14-8	
1719	全氟辛基磺酸钾		2795-39-3	
1720	全氟辛基磺酸锂		29457-72-5	
1721	全氟辛基磺酸四乙基铵		56773-42-3	
1722	全氟辛基磺酰氟		307-35-7	
1723	全氯甲硫醇	三氯硫氯甲烷;过氯甲硫醇;四氯硫代碳酰	594-42-3	剧毒
1724	全氯五环癸烷	灭蚁灵	2385-85-5	
1725	壬基酚	壬基苯酚	25154-52-3	
1726	壬基酚聚氧乙烯醚		9016-45-9	
1727	壬基三氯硅烷		5283-67-0	
1728	壬烷及其异构体			
1729	1-壬烯		124-11-8	
1730	2-壬烯		2216-38-8	
1731	3-壬烯		20063-92-7	
1732	4-壬烯		2198-23-4	
1733	溶剂苯			
1734	溶剂油[闭杯闪点≤60℃]			
1735	乳酸苯汞三乙醇铵		23319-66-6	剧毒
1736	乳酸锑		58164-88-8	
1737	乳香油		8016-36-2	
1738	噻吩	硫杂茂;硫代呋喃	110-02-1	
1739	三-(1-吖丙啶基)氧化膦	三吖啶基氧化膦	545-55-1	
1740	三(2,3-二溴丙磷酸酯)磷酸盐		126-72-7	
1741	三(2-甲基氮丙啶)氧化磷	三(2-甲基氮杂环丙烯)氧化膦	57-39-6	

续表

序号	品名	别名	CAS 号	备注
1742	三(环已基)-(1,2,4-三唑-1-基)锡	三唑锡	41083-11-8	
1743	三苯基磷		603-35-0	
1744	三苯基氯硅烷		76-86-8	
1745	三苯基氢氧化锡	三苯基羟基锡	76-87-9	
1746	三苯基乙酸锡		900-95-8	
1747	三丙基铝		102-67-0	
1748	三丙基氯化锡	氯丙锡；三丙锡氯	2279-76-7	
1749	三碘化砷	碘化亚砷	7784-45-4	
1750	三碘化铊		13453-37-7	
1751	三碘化锑		64013-16-7	
1752	三碘甲烷	碘仿	75-47-8	
1753	三碘乙酸	三碘醋酸	594-68-3	
1754	三丁基氟化锡		1983-10-4	
1755	三丁基铝		1116-70-7	
1756	三丁基氯化锡		1461-22-9	
1757	三丁基硼		122-56-5	
1758	三丁基氢化锡		688-73-3	
1759	*S*,*S*,*S*-三丁基三硫代磷酸酯	三硫代磷酸三丁酯；脱叶磷	78-48-8	
1760	三丁基锡苯甲酸		4342-36-3	
1761	三丁基锡环烷酸		85409-17-2	
1762	三丁基锡亚油酸		24124-25-2	
1763	三丁基氧化锡		56-35-9	
1764	三丁锡甲基丙烯酸		2155-70-6	
1765	三氟丙酮		421-50-1	
1766	三氟化铋		7787-61-3	
1767	三氟化氮		7783-54-2	
1768	三氟化磷		7783-55-3	
1769	三氟化氯		7790-91-2	
1770	三氟化硼	氟化硼	7637-07-2	
1771	三氟化硼丙酸络合物			
1772	三氟化硼甲醚络合物		353-42-4	
1773	三氟化硼乙胺		75-23-0	

续表

序号	品名	别名	CAS号	备注
1774	三氟化硼乙醚络合物		109-63-7	
1775	三氟化硼乙酸酐	三氟化硼醋酸酐	591-00-4	
1776	三氟化硼乙酸络合物	乙酸三氟化硼	7578-36-1	
1777	三氟化砷	氟化亚砷	7784-35-2	
1778	三氟化锑	氟化亚锑	7783-56-4	
1779	三氟化溴		7787-71-5	
1780	三氟甲苯		98-08-8	
1781	(*RS*)-2-[4-(5-三氟甲基-2-吡啶氧基)苯氧基]丙酸丁酯	吡氟禾草灵丁酯	69806-50-4	
1782	2-三氟甲基苯胺	2-氨基三氟甲苯	88-17-5	
1783	3-三氟甲基苯胺	3-氨基三氟甲苯;间三氟甲基苯胺	98-16-8	
1784	三氟甲烷	R23;氟仿	75-46-7	
1785	三氟氯化甲苯	三氟甲基氯苯		
1786	三氟氯乙烯[稳定的]	R1113;氯三氟乙烯	79-38-9	
1787	三氟溴乙烯	溴三氟乙烯	598-73-2	
1788	2,2,2-三氟乙醇		75-89-8	
1789	三氟乙酸	三氟醋酸	76-05-1	
1790	三氟乙酸酐	三氟醋酸酐	407-25-0	
1791	三氟乙酸铬	三氟醋酸铬	16712-29-1	
1792	三氟乙酸乙酯	三氟醋酸乙酯	383-63-1	
1793	1,1,1-三氟乙烷	R143	420-46-2	
1794	三氟乙酰氯	氯化三氟乙酰	354-32-5	
1795	三环己基氢氧化锡	三环锡	13121-70-5	
1796	三甲胺[无水]		75-50-3	
	三甲胺溶液			
1797	2,4,4-三甲基-1-戊烯		107-39-1	
1798	2,4,4-三甲基-2-戊烯		107-40-4	
1799	1,2,3-三甲基苯	连三甲基苯	526-73-8	
1800	1,2,4-三甲基苯	假枯烯	95-63-6	
1801	1,3,5-三甲基苯	均三甲苯	108-67-8	
1802	2,2,3-三甲基丁烷		464-06-2	

续表

序号	品名	别名	CAS 号	备注
1803	三甲基环己胺		15901-42-5	
1804	3,3,5-三甲基己撑二胺	3,3,5-三甲基六亚甲基二胺	25620-58-0; 25513-64-8	
1805	三甲基己基二异氰酸酯	二异氰酸三甲基六亚甲基酯		
1806	2,2,4-三甲基己烷		16747-26-5	
1807	2,2,5-三甲基己烷		3522-94-9	
1808	三甲基铝		75-24-1	
1809	三甲基氯硅烷	氯化三甲基硅烷	75-77-4	
1810	三甲基硼	甲基硼	593-90-8	
1811	2,4,4-三甲基戊基-2-过氧化苯氧基乙酸酯[在溶液中,含量≤37%]	2,4,4-三甲基戊基-2-过氧化苯氧基醋酸酯	59382-51-3	
1812	2,2,3-三甲基戊烷		564-02-3	
1813	2,2,4-三甲基戊烷		540-84-1	
1814	2,3,4-三甲基戊烷		565-75-3	
1815	三甲基乙酰氯	三甲基氯乙酰;新戊酰氯	3282-30-2	
1816	三甲基乙氧基硅烷	乙氧基三甲基硅烷	1825-62-3	
1817	三聚丙烯	三丙烯	13987-01-4	
1818	三聚甲醛	三氧杂环己烷;三聚蚁醛;对称三噁烷	110-88-3	
1819	三聚氰酸三烯丙酯		101-37-1	
1820	三聚乙醛	仲乙醛;三聚醋醛	123-63-7	
1821	三聚异丁烯	三异丁烯	7756-94-7	
1822	三硫化二磷	三硫化磷	12165-69-4	
1823	三硫化二锑	硫化亚锑	1345-04-6	
1824	三硫化四磷		1314-85-8	
1825	1,1,2-三氯-1,2,2-三氟乙烷	R113;1,2,2-三氯三氟乙烷	76-13-1	
1826	2,3,4-三氯-1-丁烯	三氯丁烯	2431-50-7	
1827	1,1,1-三氯-2,2-双(4-氯苯基)乙烷	滴滴涕	50-29-3	
1828	2,4,5-三氯苯胺	1-氨基-2,4,5-三氯苯	636-30-6	
1829	2,4,6-三氯苯胺	1-氨基-2,4,6-三氯苯	634-93-5	
1830	2,4,5-三氯苯酚	2,4,5-三氯酚	95-95-4	
1831	2,4,6-三氯苯酚	2,4,6-三氯酚	88-06-2	
1832	2-(2,4,5-三氯苯氧基)丙酸	2,4,5-涕丙酸	93-72-1	

续表

序号	品名	别名	CAS号	备注
1833	2,4,5-三氯苯氧乙酸	2,4,5-涕	93-76-5	
1834	1,2,3-三氯丙烷		96-18-4	
1835	1,2,3-三氯代苯	1,2,3-三氯苯	87-61-6	
1836	1,2,4-三氯代苯	1,2,4-三氯苯	120-82-1	
1837	1,3,5-三氯代苯	1,3,5-三氯苯	108-70-3	
1838	三氯硅烷	硅仿;硅氯仿;三氯氢硅	10025-78-2	
1839	三氯化碘		865-44-1	
1840	三氯化钒		7718-98-1	
1841	三氯化磷	氯化磷,氯化亚磷	7719-12-2	
1842	三氯化铝[无水]	氯化铝	7446-70-0	
	三氯化铝溶液	氯化铝溶液		
1843	三氯化钼		13478-18-7	
1844	三氯化硼		10294-34-5	
1845	三氯化三甲基二铝	三氯化三甲基铝	12542-85-7	
1846	三氯化三乙基二铝	三氯三乙基络铝	12075-68-2	
1847	三氯化砷	氯化亚砷	7784-34-1	
1848	三氯化钛	氯化亚钛	7705-07-9	
	三氯化钛溶液	氯化亚钛溶液		
	三氯化钛混合物			
1849	三氯化锑		10025-91-9	
1850	三氯化铁	氯化铁	7705-08-0	
	三氯化铁溶液	氯化铁溶液		
1851	三氯甲苯	三氯化苄;苯基三氯甲烷;α,α,α-三氯甲苯	98-07-7	
1852	三氯甲烷	氯仿	67-66-3	
1853	三氯三氟丙酮	1,1,3-三氯-1,3,3-三氟丙酮	79-52-7	
1854	三氯硝基甲烷	氯化苦;硝基三氯甲烷	76-06-2	剧毒
1855	1-三氯锌酸-4-二甲氨基重氮苯			
1856	1,2-*O*-[(1*R*)-2,2,2-三氯亚乙基]-α-D-呋喃葡糖	α-氯醛糖	15879-93-3	
1857	三氯氧化钒	三氯化氧钒	7727-18-6	
1858	三氯氧磷	氧氯化磷;氯化磷酰;磷酰氯;三氯化磷酰;磷酰三氯	10025-87-3	
1859	三氯一氟甲烷	R11	75-69-4	
1860	三氯乙腈	氰化三氯甲烷	545-06-2	

续表

序号	品名	别名	CAS号	备注
1861	三氯乙醛[稳定的]	氯醛;氯油	75-87-6	
1862	三氯乙酸	三氯醋酸	76-03-9	
1863	三氯乙酸甲酯	三氯醋酸甲酯	598-99-2	
1864	1,1,1-三氯乙烷	甲基氯仿	71-55-6	
1865	1,1,2-三氯乙烷		79-00-5	
1866	三氯乙烯		79-01-6	
1867	三氯乙酰氯		76-02-8	
1868	三氯异氰脲酸		87-90-1	
1869	三烯丙基胺	三烯丙胺;三(2-丙烯基)胺	102-70-5	
1870	1,3,5-三硝基苯	均三硝基苯	99-35-4	
1871	2,4,6-三硝基苯胺	苦基胺	489-98-5	
1872	2,4,6-三硝基苯酚	苦味酸	88-89-1	
1873	2,4,6-三硝基苯酚铵[干的或含水＜10%] 2,4,6-三硝基苯酚铵[含水≥10%]	苦味酸铵	131-74-8	
1874	2,4,6-三硝基苯酚钠	苦味酸钠	3324-58-1	
1875	2,4,6-三硝基苯酚银[含水≥30%]	苦味酸银	146-84-9	
1876	三硝基苯磺酸		2508-19-2	
1877	2,4,6-三硝基苯磺酸钠		5400-70-4	
1878	三硝基苯甲醚	三硝基茴香醚	28653-16-9	
1879	2,4,6-三硝基苯甲酸	三硝基安息香酸	129-66-8	
1880	2,4,6-三硝基苯甲硝胺	特屈儿	479-45-8	
1881	三硝基苯乙醚		4732-14-3	
1882	2,4,6-三硝基二甲苯	2,4,6-三硝基间二甲苯	632-92-8	
1883	2,4,6-三硝基甲苯	梯恩梯;TNT	118-96-7	
1884	三硝基甲苯与六硝基-1,2-二苯乙烯混合物	三硝基甲苯与六硝基芪混合物		
1885	2,4,6-三硝基甲苯与铝混合物	特里托纳尔		
1886	三硝基甲苯与三硝基苯和六硝基-1,2-二苯乙烯混合物	三硝基甲苯与三硝基苯和六硝基芪混合物		
1887	三硝基甲苯与三硝基苯混合物			
1888	三硝基甲苯与硝基萘混合物	梯萘炸药		
1889	2,4,6-三硝基间苯二酚	收敛酸	82-71-3	
1890	2,4,6-三硝基间苯二酚铅[湿的,按质量含水或乙醇和水的混合物不低于20%]	收敛酸铅	15245-44-0	

续表

序号	品名	别名	CAS号	备注
1891	三硝基间甲酚		602-99-3	
1892	2,4,6-三硝基氯苯	苦基氯	88-88-0	
1893	三硝基萘		55810-17-8	
1894	三硝基芴酮		129-79-3	
1895	2,4,6-三溴苯胺		147-82-0	
1896	三溴化碘		7789-58-4	
1897	三溴化磷		7789-60-8	
1898	三溴化铝[无水]	溴化铝	7727-15-3	
	三溴化铝溶液	溴化铝溶液		
1899	三溴化硼		10294-33-4	
1900	三溴化三甲基二铝	三溴化三甲基铝	12263-85-3	
1901	三溴化砷	溴化亚砷	7784-33-0	
1902	三溴化锑		7789-61-9	
1903	三溴甲烷	溴仿	75-25-2	
1904	三溴乙醛	溴醛	115-17-3	
1905	三溴乙酸	三溴醋酸	75-96-7	
1906	三溴乙烯		598-16-3	
1907	2,4,6-三亚乙基氨基-1,3,5-三嗪	曲他胺	51-18-3	
1908	三亚乙基四胺	二缩三乙二胺;三乙撑四胺	112-24-3	
1909	三氧化二氮	亚硝酐	10544-73-7	
1910	三氧化二钒		1314-34-7	
1911	三氧化二磷	亚磷酸酐	1314-24-5	
1912	三氧化二砷	白砒;砒霜;亚砷酸酐	1327-53-3	剧毒
1913	三氧化铬[无水]	铬酸酐	1333-82-0	
1914	三氧化硫[稳定的]	硫酸酐	7446-11-9	
1915	三乙胺		121-44-8	
1916	3,6,9-三乙基-3,6,9-三甲基-1,4,7-三过氧壬烷[含量≤42%,含A型稀释剂①≥58%]		24748-23-0	
1917	三乙基铝		97-93-8	
1918	三乙基硼		97-94-9	
1919	三乙基砷酸酯		15606-95-8	
1920	三乙基锑		617-85-6	
1921	三异丁基铝		100-99-2	
1922	三正丙胺	*N*,*N*-二丙基-1-丙胺	102-69-2	
1923	三正丁胺	三丁胺	102-82-9	剧毒
1924	砷		7440-38-2	

续表

序号	品名	别名	CAS号	备注
1925	砷化汞		749262-24-6	
1926	砷化镓		1303-00-0	
1927	砷化氢	砷化三氢;胂	7784-42-1	剧毒
1928	砷化锌		12006-40-5	
1929	砷酸		7778-39-4	
1930	砷酸铵		24719-13-9	
1931	砷酸钡		13477-04-8	
1932	砷酸二氢钾			
1933	砷酸二氢钠		10103-60-3	
1934	砷酸钙	砷酸三钙	7778-44-1	
1935	砷酸汞	砷酸氢汞	7784-37-4	
1936	砷酸钾		7784-41-0	
1937	砷酸镁		10103-50-1	
1938	砷酸钠	砷酸三钠	13464-38-5	
1939	砷酸铅		7645-25-2	
1940	砷酸氢二铵		7784-44-3	
1941	砷酸氢二钠		7778-43-0	
1942	砷酸锑		28980-47-4	
1943	砷酸铁		10102-49-5	
1944	砷酸铜		10103-61-4	
1945	砷酸锌		1303-39-5	
1946	砷酸亚铁		10102-50-8	
1947	砷酸银		13510-44-6	
1948	生漆	大漆		
1949	生松香	焦油松香;松脂		
1950	十八烷基三氯硅烷		112-04-9	
1951	十八烷基乙酰胺	十八烷醋酸酰胺		
1952	十八烷酰氯	硬脂酰氯	112-76-5	
1953	十二烷基硫醇	月桂硫醇;十二硫醇	112-55-0	
1954	十二烷基三氯硅烷		4484-72-4	
1955	十二烷酰氯	月桂酰氯	112-16-3	
1956	十六烷基三氯硅烷		5894-60-0	
1957	十六烷酰氯	棕榈酰氯	112-67-4	
1958	十氯酮	十氯代八氢-亚甲基-环丁异[CD]戊搭烯-2-酮;开蓬	143-50-0	
1959	1,1,2,2,3,3,4,4,5,5,6,6,7,7,8,8,8-十七氟-1-辛烷磺酸		45298-90-6	

续表

序号	品名	别名	CAS号	备注
1960	十氢化萘	萘烷	91-17-8	
1961	十四烷酰氯	肉豆蔻酰氯	112-64-1	
1962	十溴联苯		13654-09-6	
1963	石棉[含:阳起石石棉、铁石棉、透闪石石棉、直闪石石棉、青石棉]		1332-21-4	
1964	石脑油		8030-30-6	
1965	石油醚	石油精	8032-32-4	
1966	石油气	原油气		
1967	石油原油	原油	8002-05-9	
1968	铈[粉、屑]		7440-45-1	
	金属铈[浸在煤油中的]			
1969	铈镁合金粉			
1970	叔丁胺	2-氨基-2-甲基丙烷;特丁胺	75-64-9	
1971	5-叔丁基-2,4,6-三硝基间二甲苯	二甲苯麝香;1-(1,1-二甲基乙基)-3,5-二甲基-2,4,6-三硝基苯	81-15-2	
1972	叔丁基苯	叔丁苯	98-06-6	
1973	2-叔丁基苯酚	邻叔丁基苯酚	88-18-6	
1974	4-叔丁基苯酚	对叔丁基苯酚;对特丁基苯酚;4-羟基-1-叔丁基苯	98-54-4	
1975	叔丁基过氧-2-甲基苯甲酸酯[含量≤100%]		22313-62-8	
1976	叔丁基过氧-2-乙基己酸酯[52%<含量≤100%]	过氧化-2-乙基己酸叔丁酯	3006-82-4	
	叔丁基过氧-2-乙基己酸酯[32%<含量≤52%,含B型稀释剂②≥48%]			
	叔丁基过氧-2-乙基己酸酯[含量≤32%,含B型稀释剂②≥68%]			
	叔丁基过氧-2-乙基己酸酯[含量≤52%,惰性固体含量≥48%]			
1977	叔丁基过氧-2-乙基己酸酯和2,2-二-(叔丁基过氧)丁烷的混合物[叔丁基过氧-2-乙基己酸酯≤12%,2,2-二-(叔丁基过氧)丁烷的混合物≤14%,含A型稀释剂①≥14%,含惰性固体≥60%]			
	叔丁基过氧-2-乙基己酸酯和2,2-二-(叔丁基过氧)丁烷的混合物[叔丁基过氧-2-乙基己酸酯≤31%,2,2-二-(叔丁基过氧)丁烷≤36%,含B型稀释剂②≥33%]			
1978	叔丁基过氧-2-乙基己碳酸酯[含量≤100%]		34443-12-4	
1979	叔丁基过氧丁基延胡索酸酯[含量≤52%,含A型稀释剂①≥48%]			

续表

序号	品名	别名	CAS号	备注
1980	叔丁基过氧二乙基乙酸酯[含量≤100%]	过氧化二乙基乙酸叔丁酯；过氧化叔丁基二乙基乙酸酯		
1981	叔丁基过氧新癸酸酯[77%<含量≤100%] 叔丁基过氧新癸酸酯[含量≤32%，含A型稀释剂①≥68%] 叔丁基过氧新癸酸酯[含量≤42%，在水(冷冻)中稳定弥散] 叔丁基过氧新癸酸酯[含量≤52%，在水中稳定弥散] 叔丁基过氧新癸酸酯[含量≤77%]	过氧化新癸酸叔丁酯	26748-41-4	
1982	叔丁基过氧新戊酸酯[27%<含量≤67%，含B型稀释剂②≥33%] 叔丁基过氧新戊酸酯[67%<含量≤77%，含A型稀释剂①≥23%] 叔丁基过氧新戊酸酯[含量≤27%，含B型稀释剂②≥73%]		927-07-1	
1983	1-(2-叔丁基过氧异丙基)-3-异丙烯基苯[含量≤42%，惰性固体含量≥58%] 1-(2-叔丁基过氧异丙基)-3-异丙烯基苯[含量≤77%，含A型稀释剂①≥23%]		96319-55-0	
1984	叔丁基过氧异丁酸酯[52%<含量≤77%，含B型稀释剂②≥23%] 叔丁基过氧异丁酸酯[含量≤52%，含B型稀释剂②≥48%]	过氧化异丁酸叔丁酯	109-13-7	
1985	叔丁基过氧硬酯酰碳酸酯[含量≤100%]			
1986	叔丁基环己烷	环己基叔丁烷；特丁基环己烷	3178-22-1	
1987	叔丁基硫醇	叔丁硫醇	75-66-1	
1988	叔戊基过氧-2-乙基己酸酯[含量≤100%]	过氧化-2-乙基己酸叔戊酯	686-31-7	
1989	叔戊基过氧化氢[含量≤88%，含A型稀释剂①≥6%，含水≥6%]		3425-61-4	
1990	叔戊基过氧戊酸酯[含量≤77%，含B型稀释剂②≥23%]	过氧化叔戊基新戊酸酯	29240-17-3	
1991	叔戊基过氧新癸酸酯[含量≤77%，含B型稀释剂②≥23%]	过氧化叔戊基新癸酸酯	68299-16-1	
1992	叔辛胺		107-45-9	
1993	树脂酸钙		9007-13-0	
1994	树脂酸钴		68956-82-1	
1995	树脂酸铝		61789-65-9	
1996	树脂酸锰		9008-34-8	
1997	树脂酸锌		9010-69-9	
1998	双(1-甲基乙基)氟磷酸酯	二异丙基氟磷酸酯；丙氟磷	55-91-4	剧毒

续表

序号	品名	别名	CAS号	备注
1999	双(2-氯乙基)甲胺	氮芥;双(氯乙基)甲胺	51-75-2	剧毒
2000	5-[双(2-氯乙基)氨基]-2,4-(1*H*,3*H*)嘧啶二酮	尿嘧啶芳芥;嘧啶苯芥	66-75-1	剧毒
2001	2,2-双-[4,4-二(叔丁基过氧化)环己基]丙烷[含量≤42%,惰性固体含量≥58%]			
	2,2-双-[4,4-二(叔丁基过氧化)环己基]丙烷[含量≤22%,含B型稀释剂[②]≥78%]			
2002	2,2-双(4-氯苯基)-2-羟基乙酸乙酯	4,4′-二氯二苯乙醇酸乙酯;乙酯杀螨醇	510-15-6	
2003	*O*,*O*-双(4-氯苯基)*N*-(1-亚氨基)乙基硫代磷酸胺	毒鼠磷	4104-14-7	剧毒
2004	双(*N*,*N*-二甲基甲硫酰)二硫化物	四甲基二硫代秋兰姆;四甲基硫代过氧化二碳酸二酰胺;福美双	137-26-8	
2005	双(二甲胺基)磷酰氟[含量>2%]	甲氟磷	115-26-4	剧毒
2006	双(二甲基二硫代氨基甲酸)锌	福美锌	137-30-4	
2007	4,4-双-(过氧化叔丁基)戊酸正丁酯[52%<含量≤100%]	4,4-二(叔丁基过氧化)戊酸正丁酯	995-33-5	
	4,4-双-(过氧化叔丁基)戊酸正丁酯[含量≤52%,含惰性固体≥48%]			
2008	双过氧化壬二酸[含量≤27%,惰性固体含量≥73%]		1941-79-3	
2009	双过氧化十二烷二酸[含量≤42%,含硫酸钠≥56%]		66280-55-5	
2010	双戊烯	苎烯;二聚戊烯;1,8-萜二烯	138-86-3	
2011	2,5-双(1-吖丙啶基)-3-(2-氨甲酰氧-1-甲氧乙基)-6-甲基-1,4-苯醌	卡巴醌	24279-91-2	
2012	水合肼[含肼≤64%]	水合联氨	10217-52-4	
2013	水杨醛	2-羟基苯甲醛;邻羟基苯甲醛	90-02-8	
2014	水杨酸汞		5970-32-1	
2015	水杨酸化烟碱		29790-52-1	
2016	丝裂霉素C	自力霉素	50-07-7	
2017	四苯基锡		595-90-4	
2018	四碘化锡		7790-47-8	
2019	四丁基氢氧化铵		2052-49-5	
2020	四丁基氢氧化磷		14518-69-5	
2021	四丁基锡		1461-25-2	
2022	四氟代肼	四氟肼	10036-47-2	
2023	四氟化硅	氟化硅	7783-61-1	

续表

序号	品名	别名	CAS 号	备注
2024	四氟化硫		7783-60-0	
2025	四氟化铅		7783-59-7	
2026	四氟甲烷	R14	75-73-0	
2027	四氟硼酸-2,5-二乙氧基-4-吗啉代重氮苯		4979-72-0	
2028	四氟乙烯[稳定的]		116-14-3	
2029	1,2,4,5-四甲苯	均四甲苯	95-93-2	
2030	1,1,3,3-四甲基-1-丁硫醇	特辛硫醇;叔辛硫醇	141-59-3	
2031	1,1,3,3-四甲基丁基过氧-2-乙基己酸酯[含量≤100%]	过氧化-2-乙基己酸-1,1,3,3-四甲基丁酯;过氧化-1,1,3,3-四甲基丁基-2-乙基乙酸酯;过氧化-2-乙基己酸叔辛酯	22288-43-3	
2032	1,1,3,3-四甲基丁基过氧新癸酸酯[含量≤52%,在水中稳定弥散]		51240-95-0	
	1,1,3,3-四甲基丁基过氧新癸酸酯[含量≤72%,含B型稀释剂[②]≥28%]			
2033	1,1,3,3-四甲基丁基氢过氧化物[含量≤100%]	过氧化氢叔辛基	5809-08-5	
2034	2,2,3′,3′-四甲基丁烷	六甲基乙烷;双叔丁基	594-82-1	
2035	四甲基硅烷	四甲基硅	75-76-3	
2036	四甲基铅		75-74-1	
2037	四甲基氢氧化铵		75-59-2	
2038	*N*,*N*,*N*′,*N*′-四甲基乙二胺	1,2-双(二甲基氨基)乙烷	110-18-9	
2039	四聚丙烯	四丙烯	6842-15-5	
2040	四磷酸六乙酯	乙基四磷酸酯	757-58-4	
2041	四磷酸六乙酯和压缩气体混合物			
2042	2,3,4,6-四氯苯酚	2,3,4,6-四氯酚	58-90-2	
2043	1,1,3,3-四氯丙酮	1,1,3,3-四氯-2-丙酮	632-21-3	
2044	1,2,3,4-四氯代苯		634-66-2	
2045	1,2,3,5-四氯代苯		634-90-2	
2046	1,2,4,5-四氯代苯		95-94-3	
2047	2,3,7,8-四氯二苯并对二噁英	二噁英;2,3,7,8-TCDD;四氯二苯二噁英	1746-01-6	剧毒
2048	四氯化碲		10026-07-0	
2049	四氯化钒		7632-51-1	
2050	四氯化锆		10026-11-6	
2051	四氯化硅	氯化硅	10026-04-7	
2052	四氯化硫		13451-08-6	
2053	1,2,3,4-四氯化萘	四氯化萘	1335-88-2	

续表

序号	品名	别名	CAS号	备注
2054	四氯化铅		13463-30-4	
2055	四氯化钛		7550-45-0	
2056	四氯化碳	四氯甲烷	56-23-5	
2057	四氯化硒		10026-03-6	
2058	四氯化锡[无水]	氯化锡	7646-78-8	
2059	四氯化锡五水合物		10026-06-9	
2060	四氯化锗	氯化锗	10038-98-9	
2061	四氯邻苯二甲酸酐		117-08-8	
2062	四氯锌酸-2,5-二丁氧基-4-(4-吗啉基)-重氮苯(2∶1)		14726-58-0	
2063	1,1,2,2-四氯乙烷		79-34-5	
2064	四氯乙烯	全氯乙烯	127-18-4	
2065	*N*-四氯乙硫基四氢酞酰亚胺	敌菌丹	2425-06-1	
2066	5,6,7,8-四氢-1-萘胺	1-氨基-5,6,7,8-四氢萘	2217-41-6	
2067	3-(1,2,3,4-四氢-1-萘基)-4-羟基香豆素	杀鼠醚	5836-29-3	剧毒
2068	1,2,5,6-四氢吡啶		694-05-3	
2069	四氢吡咯	吡咯烷;四氢氮杂茂	123-75-1	
2070	四氢吡喃	氧己环	142-68-7	
2071	四氢呋喃	氧杂环戊烷	109-99-9	
2072	1,2,3,6-四氢化苯甲醛		100-50-5	
2073	四氢糠胺		4795-29-3	
2074	四氢邻苯二甲酸酐[含马来酐>0.05%]	四氢酞酐	2426-02-0	
2075	四氢噻吩	四甲撑硫;四氢硫杂茂	110-01-0	
2076	四氰基代乙烯	四氰代乙烯	670-54-2	
2077	2,3,4,6-四硝基苯胺		3698-54-2	
2078	四硝基甲烷		509-14-8	剧毒
2079	四硝基萘		28995-89-3	
2080	四硝基萘胺			
2081	四溴二苯醚		40088-47-9	
2082	四溴化硒		7789-65-3	
2083	四溴化锡		7789-67-5	
2084	四溴甲烷	四溴化碳	558-13-4	
2085	1,1,2,2-四溴乙烷		79-27-6	
2086	四亚乙基五胺	三缩四乙二胺;四乙撑五胺	112-57-2	
2087	四氧化锇	锇酸酐	20816-12-0	剧毒
2088	四氧化二氮		10544-72-6	

续表

序号	品名	别名	CAS号	备注
2089	四氧化三铅	红丹;铅丹;铅橙	1314-41-6	
2090	*O*,*O*,*O*′,*O*′-四乙基-*S*,*S*′-亚甲基双(二硫代磷酸酯)	乙硫磷	563-12-2	
2091	*O*,*O*,*O*′,*O*′-四乙基二硫代焦磷酸酯	治螟磷	3689-24-5	剧毒
2092	四乙基焦磷酸酯	特普	107-49-3	剧毒
2093	四乙基铅	发动机燃料抗爆混合物	78-00-2	剧毒
2094	四乙基氢氧化铵		77-98-5	
2095	四乙基锡	四乙锡	597-64-8	
2096	四唑并-1-乙酸	四唑乙酸;四氮杂茂-1-乙酸	21732-17-2	
2097	松焦油		8011-48-1	
2098	松节油		8006-64-2	
2099	松节油混合萜	松脂萜;芸香烯	1335-76-8	
2100	松油		8002-09-3	
2101	松油精	松香油	8002-16-2	
2102	酸式硫酸三乙基锡		57875-67-9	
2103	铊	金属铊	7440-28-0	
2104	钛酸四乙酯	钛酸乙酯;四乙氧基钛	3087-36-3	
2105	钛酸四异丙酯	钛酸异丙酯	546-68-9	
2106	钛酸四正丙酯	钛酸正丙酯	3087-37-4	
2107	碳化钙	电石	75-20-7	
2108	碳化铝		1299-86-1	
2109	碳酸二丙酯	碳酸丙酯	623-96-1	
2110	碳酸二甲酯		616-38-6	
2111	碳酸二乙酯	碳酸乙酯	105-58-8	
2112	碳酸铍		13106-47-3	
2113	碳酸亚铊	碳酸铊	6533-73-9	
2114	碳酸乙丁酯		30714-78-4	
2115	碳酰氯	光气	75-44-5	剧毒
2116	羰基氟	碳酰氟;氟化碳酰	353-50-4	
2117	羰基硫	硫化碳酰	463-58-1	
2118	羰基镍	四羰基镍;四碳酰镍	13463-39-3	剧毒
2119	2-特丁基-4,6-二硝基酚	2-(1,1-二甲基乙基)-4,6-二硝酚;特乐酚	1420-07-1	
2120	2-特戊酰-2,3-二氢-1,3-茚二酮	鼠完	83-26-1	
2121	锑粉		7440-36-0	
2122	锑化氢	三氢化锑;锑化三氢;睇	7803-52-3	
2123	天然气[富含甲烷的]	沼气	8006-14-2	

续表

序号	品名	别名	CAS号	备注
2124	萜品油烯	异松油烯	586-62-9	
2125	萜烃		63394-00-3	
2126	铁铈齐	铈铁合金	69523-06-4	
2127	铜钙合金			
2128	铜乙二胺溶液		13426-91-0	
2129	土荆芥油	藜油;除蛔油	8006-99-3	
2130	烷基、芳基或甲苯磺酸[含游离硫酸]			
2131	烷基锂			
2132	烷基铝氢化物			
2133	乌头碱	附子精	302-27-2	剧毒
2134	无水肼[含肼>64%]	无水联胺	302-01-2	
2135	五氟化铋		7787-62-4	
2136	五氟化碘		7783-66-6	
2137	五氟化磷		7647-19-0	
2138	五氟化氯		13637-63-3	剧毒
2139	五氟化锑		7783-70-2	
2140	五氟化溴		7789-30-2	
2141	五甲基庚烷		30586-18-6	
2142	五硫化二磷	五硫化磷	1314-80-3	
2143	五氯苯		608-93-5	
2144	五氯苯酚	五氯酚	87-86-5	剧毒
2145	五氯苯酚苯基汞			
2146	五氯苯酚汞			
2147	2,3,4,7,8-五氯二苯并呋喃	2,3,4,7,8-PCDF	57117-31-4	剧毒
2148	五氯酚钠		131-52-2	
2149	五氯化磷		10026-13-8	
2150	五氯化钼		10241-05-1	
2151	五氯化铌		10026-12-7	
2152	五氯化钽		7721-01-9	
2153	五氯化锑	过氯化锑;氯化锑	7647-18-9	剧毒
2154	五氯硝基苯	硝基五氯苯	82-68-8	
2155	五氯乙烷		76-01-7	
2156	五氰金酸四钾		68133-87-9	
2157	五羰基铁	羰基铁	13463-40-6	剧毒
2158	五溴二苯醚		32534-81-9	
2159	五溴化磷		7789-69-7	

续表

序号	品名	别名	CAS号	备注
2160	五氧化二碘	碘酐	12029-98-0	
2161	五氧化二钒	钒酸酐	1314-62-1	
2162	五氧化二磷	磷酸酐	1314-56-3	
2163	五氧化二砷	砷酸酐；五氧化砷；氧化砷	1303-28-2	剧毒
2164	五氧化二锑	锑酸酐	1314-60-9	
2165	1-戊醇	正戊醇	71-41-0	
2166	2-戊醇	仲戊醇	6032-29-7	
2167	1,5-戊二胺	1,5-二氨基戊烷；五亚甲基二胺；尸毒素	462-94-2	
2168	戊二腈	1,3-二氰基丙烷	544-13-8	
2169	戊二醛	1,5-戊二醛	111-30-8	
2170	2,4-戊二酮	乙酰丙酮	123-54-6	
2171	1,3-戊二烯[稳定的]		504-60-9	
2172	1,4-戊二烯[稳定的]		591-93-5	
2173	戊基三氯硅烷		107-72-2	
2174	戊腈	丁基氰；氰化丁烷	110-59-8	
2175	1-戊硫醇	正戊硫醇	110-66-7	
2176	戊硫醇异构体混合物			
2177	戊硼烷	五硼烷	19624-22-7	剧毒
2178	1-戊醛	正戊醛	110-62-3	
2179	1-戊炔	丙基乙炔	627-19-0	
2180	2-戊酮	甲基丙基甲酮	107-87-9	
2181	3-戊酮	二乙基酮	96-22-0	
2182	1-戊烯		109-67-1	
2183	2-戊烯		109-68-2	
2184	1-戊烯-3-酮	乙烯乙基甲酮	1629-58-9	
2185	戊酰氯		638-29-9	
2186	烯丙基三氯硅烷[稳定的]		107-37-9	
2187	烯丙基缩水甘油醚		106-92-3	
2188	硒		7782-49-2	
2189	硒化镉		1306-24-7	
2190	硒化铅		12069-00-0	
2191	硒化氢[无水]		7783-07-5	
2192	硒化铁		1310-32-3	
2193	硒化锌		1315-09-9	
2194	硒脲		630-10-4	
2195	硒酸		7783-08-6	

续表

序号	品名	别名	CAS 号	备注
2196	硒酸钡		7787-41-9	
2197	硒酸钾		7790-59-2	
2198	硒酸钠		13410-01-0	剧毒
2199	硒酸铜	硒酸高铜	15123-69-0	
2200	氙[压缩的或液化的]		7440-63-3	
2201	硝铵炸药	铵梯炸药		
2202	硝化甘油[按质量含有不低于 40% 不挥发、不溶于水的减敏剂]	硝化丙三醇；甘油三硝酸酯	55-63-0	
2203	硝化甘油乙醇溶液[含硝化甘油≤10%]	硝化丙三醇乙醇溶液；甘油三硝酸酯乙醇溶液		
2204	硝化淀粉		9056-38-6	
2205	硝化二乙醇胺火药			
2206	硝化沥青			
2207	硝化酸混合物	硝化混合酸	51602-38-1	
2208	硝化纤维素[干的或含水(或乙醇)＜25%]	硝化棉	9004-70-0	
	硝化纤维素[含氮≤12.6%，含乙醇≥25%]			
	硝化纤维素[含氮≤12.6%]			
	硝化纤维素[含水≥25%]			
	硝化纤维素[含乙醇≥25%]			
	硝化纤维素[未改型的，或增塑的，含增塑剂＜18%]	硝化棉溶液		
	硝化纤维素溶液[含氮量≤12.6%，含硝化纤维素≤55%]			
2209	硝化纤维塑料[板、片、棒、管、卷等状，不包括碎屑]	赛璐珞	8050-88-2	
	硝化纤维塑料碎屑	赛璐珞碎屑		
2210	3-硝基-1,2-二甲苯	1,2-二甲基-3-硝基苯；3-硝基邻二甲苯	83-41-0	
2211	4-硝基-1,2-二甲苯	1,2-二甲基-4-硝基苯；4-硝基邻二甲苯；4,5-二甲基硝基苯	99-51-4	
2212	2-硝基-1,3-二甲苯	1,3-二甲基-2-硝基苯；2-硝基间二甲苯	81-20-9	
2213	4-硝基-1,3-二甲苯	1,3-二甲基-4-硝基苯；4-硝基间二甲苯；2,4-二甲基硝基苯；对硝基间二甲苯	89-87-2	
2214	5-硝基-1,3-二甲苯	1,3-二甲基-5-硝基苯；5-硝基间二甲苯；3,5-二甲基硝基苯	99-12-7	
2215	4-硝基-2-氨基苯酚	2-氨基-4-硝基苯酚；邻氨基对硝基苯酚；对硝基邻氨基苯酚	99-57-0	
2216	5-硝基-2-氨基苯酚	2-氨基-5-硝基苯酚	121-88-0	

续表

序号	品名	别名	CAS号	备注
2217	4-硝基-2-甲苯胺	对硝基邻甲苯胺	99-52-5	
2218	4-硝基-2-甲氧基苯胺	5-硝基-2-氨基苯甲醚；对硝基邻甲氧基苯胺	97-52-9	
2219	2-硝基-4-甲苯胺	邻硝基对甲苯胺	89-62-3	
2220	3-硝基-4-甲苯胺	间硝基对甲苯胺	119-32-4	
2221	2-硝基-4-甲苯酚	4-甲基-2-硝基苯酚	119-33-5	
2222	2-硝基-4-甲氧基苯胺	枣红色基GP	96-96-8	剧毒
2223	3-硝基-4-氯三氟甲苯	2-氯-5-三氟甲基硝基苯	121-17-5	
2224	3-硝基-4-羟基苯胂酸	4-羟基-3-硝基苯胂酸	121-19-7	
2225	3-硝基-*N*,*N*-二甲基苯胺	*N*,*N*-二甲基间硝基苯胺；间硝基二甲苯胺	619-31-8	
2226	4-硝基-*N*,*N*-二甲基苯胺	*N*,*N*-二甲基对硝基苯胺；对硝基二甲苯胺	100-23-2	
2227	4-硝基-*N*,*N*-二乙基苯胺	*N*,*N*-二乙基对硝基苯胺；对硝基二乙基苯胺	2216-15-1	
2228	硝基苯		98-95-3	
2229	2-硝基苯胺	邻硝基苯胺；1-氨基-2-硝基苯	88-74-4	
2230	3-硝基苯胺	间硝基苯胺；1-氨基-3-硝基苯	99-09-2	
2231	4-硝基苯胺	对硝基苯胺；1-氨基-4-硝基苯	100-01-6	
2232	5-硝基苯并三唑	硝基连三氮杂茚	2338-12-7	
2233	2-硝基苯酚	邻硝基苯酚	88-75-5	
2234	3-硝基苯酚	间硝基苯酚	554-84-7	
2235	4-硝基苯酚	对硝基苯酚	100-02-7	
2236	2-硝基苯磺酰氯	邻硝基苯磺酰氯	1694-92-4	
2237	3-硝基苯磺酰氯	间硝基苯磺酰氯	121-51-7	
2238	4-硝基苯磺酰氯	对硝基苯磺酰氯	98-74-8	
2239	2-硝基苯甲醚	邻硝基苯甲醚；邻硝基茴香醚；邻甲氧基硝基苯	91-23-6	
2240	3-硝基苯甲醚	间硝基苯甲醚；间硝基茴香醚；间甲氧基硝基苯	555-03-3	
2241	4-硝基苯甲醚	对硝基苯甲醚；对硝基茴香醚；对甲氧基硝基苯	100-17-4	
2242	4-硝基苯甲酰胺	对硝基苯甲酰胺	619-80-7	
2243	2-硝基苯甲酰氯	邻硝基苯甲酰氯	610-14-0	
2244	3-硝基苯甲酰氯	间硝基苯甲酰氯	121-90-4	
2245	4-硝基苯甲酰氯	对硝基苯甲酰氯	122-04-3	
2246	2-硝基苯肼	邻硝基苯肼	3034-19-3	
2247	4-硝基苯肼	对硝基苯肼	100-16-3	
2248	2-硝基苯胂酸	邻硝基苯胂酸	5410-29-7	
2249	3-硝基苯胂酸	间硝基苯胂酸	618-07-5	

续表

序号	品名	别名	CAS 号	备注
2250	4-硝基苯胂酸	对硝基苯胂酸	98-72-6	
2251	4-硝基苯乙腈	对硝基苯乙腈;对硝基苄基氰;对硝基氰化苄	555-21-5	
2252	2-硝基苯乙醚	邻硝基苯乙醚;邻乙氧基硝基苯	610-67-3	
2253	4-硝基苯乙醚	对硝基苯乙醚;对乙氧基硝基苯	100-29-8	
2254	3-硝基吡啶		2530-26-9	
2255	1-硝基丙烷		108-03-2	
2256	2-硝基丙烷		79-46-9	
2257	2-硝基碘苯	2-碘硝基苯;邻硝基碘苯;邻碘硝基苯	609-73-4	
2258	3-硝基碘苯	3-碘硝基苯;间硝基碘苯;间碘硝基苯	645-00-1	
2259	4-硝基碘苯	4-碘硝基苯;对硝基碘苯;对碘硝基苯	636-98-6	
2260	1-硝基丁烷		627-05-4	
2261	2-硝基丁烷		600-24-8	
2262	硝基苊		602-87-9	
2263	硝基胍	橄苦岩	556-88-7	
2264	2-硝基甲苯	邻硝基甲苯	88-72-2	
2265	3-硝基甲苯	间硝基甲苯	99-08-1	
2266	4-硝基甲苯	对硝基甲苯	99-99-0	
2267	硝基甲烷		75-52-5	
2268	2-硝基联苯	邻硝基联苯	86-00-0	
2269	4-硝基联苯	对硝基联苯	92-93-3	
2270	2-硝基氯化苄	邻硝基苄基氯;邻硝基氯化苄;邻硝基苯氯甲烷	612-23-7	
2271	3-硝基氯化苄	间硝基苯氯甲烷;间硝基苄基氯;间硝基氯化苄	619-23-8	
2272	4-硝基氯化苄	对硝基氯化苄;对硝基苄基氯;对硝基苯氯甲烷	100-14-1	
2273	硝基马钱子碱	卡可西灵	561-20-6	
2274	2-硝基萘		581-89-5	
2275	1-硝基萘		86-57-7	
2276	硝基脲		556-89-8	
2277	硝基三氟甲苯			
2278	硝基三唑酮	NTO	932-64-9	
2279	2-硝基溴苯	邻硝基溴苯;邻溴硝基苯	577-19-5	
2280	3-硝基溴苯	间硝基溴苯;间溴硝基苯	585-79-5	
2281	4-硝基溴苯	对硝基溴苯;对溴硝基苯	586-78-7	

续表

序号	品名	别名	CAS号	备注
2282	4-硝基溴化苄	对硝基溴化苄;对硝基苯溴甲烷;对硝基苄基溴	100-11-8	
2283	硝基盐酸	王水	8007-56-5	
2284	硝基乙烷		79-24-3	
2285	硝酸		7697-37-2	
2286	硝酸铵[含可燃物>0.2%,包括以碳计算的任何有机物,但不包括任何其它添加剂]		6484-52-2	
	硝酸铵[含可燃物≤0.2%]			
2287	硝酸铵肥料[比硝酸铵(含可燃物>0.2%,包括以碳计算的任何有机物,但不包括任何其它添加剂)更易爆炸]			
	硝酸铵肥料[含可燃物≤0.4%]			
2288	硝酸钡		10022-31-8	
2289	硝酸苯胺		542-15-4	
2290	硝酸苯汞		55-68-5	
2291	硝酸铋		10361-44-1	
2292	硝酸镝		10143-38-1	
2293	硝酸铒		10168-80-6	
2294	硝酸钙		10124-37-5	
2295	硝酸锆		13746-89-9	
2296	硝酸镉		10325-94-7	
2297	硝酸铬		13548-38-4	
2298	硝酸汞	硝酸高汞	10045-94-0	
2299	硝酸钴	硝酸亚钴	10141-05-6	
2300	硝酸胍	硝酸亚氨脲	506-93-4	
2301	硝酸镓		13494-90-1	
2302	硝酸甲胺		22113-87-7	
2303	硝酸钾		7757-79-1	
2304	硝酸镧		10099-59-9	
2305	硝酸铑		10139-58-9	
2306	硝酸锂		7790-69-4	
2307	硝酸镥		10099-67-9	
2308	硝酸铝		7784-27-2	
2309	硝酸镁		10377-60-3	
2310	硝酸锰	硝酸亚锰	20694-39-7	
2311	硝酸钠		7631-99-4	
2312	硝酸脲		124-47-0	

续表

序号	品名	别名	CAS 号	备注
2313	硝酸镍	二硝酸镍	13138-45-9	
2314	硝酸镍铵	四氨硝酸镍		
2315	硝酸钕		16454-60-7	
2316	硝酸钕镨	硝酸镨钕	134191-62-1	
2317	硝酸铍		13597-99-4	
2318	硝酸镨		10361-80-5	
2319	硝酸铅		10099-74-8	
2320	硝酸羟胺		13465-08-2	
2321	硝酸铯		7789-18-6	
2322	硝酸钐		13759-83-6	
2323	硝酸铈	硝酸亚铈	10108-73-3	
2324	硝酸铈铵		16774-21-3	
2325	硝酸铈钾			
2326	硝酸铈钠			
2327	硝酸锶		10042-76-9	
2328	硝酸铊	硝酸亚铊	10102-45-1	
2329	硝酸铁	硝酸高铁	10421-48-4	
2330	硝酸铜		10031-43-3	
2331	硝酸锌		7779-88-6	
2332	硝酸亚汞		7782-86-7	
2333	硝酸氧锆	硝酸锆酰	13826-66-9	
2334	硝酸乙酯醇溶液			
2335	硝酸钇		13494-98-9	
2336	硝酸异丙酯		1712-64-7	
2337	硝酸异戊酯		543-87-3	
2338	硝酸镱		35725-34-9； 13768-67-7	
2339	硝酸铟		13770-61-1	
2340	硝酸银		7761-88-8	
2341	硝酸正丙酯		627-13-4	
2342	硝酸正丁酯		928-45-0	
2343	硝酸正戊酯		1002-16-0	
2344	硝酸重氮苯		619-97-6	
2345	辛二腈	1,6-二氰基戊烷	629-40-3	
2346	辛二烯		3710-30-3	
2347	辛基苯酚		27193-28-8	
2348	辛基三氯硅烷		5283-66-9	

续表

序号	品名	别名	CAS 号	备注
2349	1-辛炔		629-05-0	
2350	2-辛炔		2809-67-8	
2351	3-辛炔		15232-76-5	
2352	4-辛炔		1942-45-6	
2353	辛酸亚锡	含锡稳定剂	301-10-0	
2354	3-辛酮	乙基戊基酮;乙戊酮	106-68-3	
2355	1-辛烯		111-66-0	
2356	2-辛烯		111-67-1	
2357	辛酰氯		111-64-8	
2358	锌尘		7440-66-6	
	锌粉			
	锌灰			
2359	锌汞齐	锌汞合金		
2360	D 型 2-重氮-1-萘酚磺酸酯混合物			
2361	溴	溴素	7726-95-6	
	溴水[含溴≥3.5%]			
2362	3-溴-1,2-二甲基苯	间溴邻二甲苯;2,3-二甲基溴化苯	576-23-8	
2363	4-溴-1,2-二甲基苯	对溴邻二甲苯;3,4-二甲基溴	583-71-1	
2364	3-溴-1,2-环氧丙烷	环氧溴丙烷;溴甲基环氧乙烷;表溴醇	3132-64-7	
2365	3-溴-1-丙烯	3-溴丙烯;烯丙基溴	106-95-6	
2366	1-溴-2,4-二硝基苯	3,4-二硝基溴化苯;1,3-二硝基-4-溴化苯;2,4-二硝基溴化苯	584-48-5	
2367	2-溴-2-甲基丙酸乙酯	2-溴异丁酸乙酯	600-00-0	
2368	1-溴-2-甲基丙烷	异丁基溴;溴代异丁烷	78-77-3	
2369	2-溴-2-甲基丙烷	叔丁基溴;特丁基溴;溴代叔丁烷	507-19-7	
2370	4-溴-2-氯氟苯		60811-21-4	
2371	1-溴-3-甲基丁烷	异戊基溴;溴代异戊烷	107-82-4	
2372	溴苯		108-86-1	
2373	2-溴苯胺	邻溴苯胺;邻氨基溴化苯	615-36-1	
2374	3-溴苯胺	间溴苯胺;间氨基溴化苯	591-19-5	
2375	4-溴苯胺	对溴苯胺;对氨基溴化苯	106-40-1	
2376	2-溴苯酚	邻溴苯酚	95-56-7	
2377	3-溴苯酚	间溴苯酚	591-20-8	
2378	4-溴苯酚	对溴苯酚	106-41-2	

续表

序号	品名	别名	CAS号	备注
2379	4-溴苯磺酰氯		98-58-8	
2380	4-溴苯甲醚	对溴苯甲醚;对溴茴香醚	104-92-7	
2381	2-溴苯甲酰氯	邻溴苯甲酰氯	7154-66-7	
2382	4-溴苯甲酰氯	对溴苯甲酰氯;氯化对溴代苯甲酰	586-75-4	
2383	溴苯乙腈	溴苄基腈	5798-79-8	
2384	4-溴苯乙酰基溴	对溴苯乙酰基溴	99-73-0	
2385	3-溴丙腈	β-溴丙腈;溴乙基氰	2417-90-5	
2386	3-溴丙炔		106-96-7	
2387	2-溴丙酸	α-溴丙酸	598-72-1	
2388	3-溴丙酸	β-溴丙酸	590-92-1	
2389	溴丙酮		598-31-2	
2390	1-溴丙烷	正丙基溴;溴代正丙烷	106-94-5	
2391	2-溴丙烷	异丙基溴;溴代异丙烷	75-26-3	
2392	2-溴丙酰溴	溴化-2-溴丙酰	563-76-8	
2393	3-溴丙酰溴	溴化-3-溴丙酰	7623-16-7	
2394	溴代环戊烷	环戊基溴	137-43-9	
2395	溴代正戊烷	正戊基溴	110-53-2	
2396	1-溴丁烷	正丁基溴;溴代正丁烷	109-65-9	
2397	2-溴丁烷	仲丁基溴;溴代仲丁烷	78-76-2	
2398	溴化苄	α-溴甲苯;苄基溴	100-39-0	
2399	溴化丙酰	丙酰溴	598-22-1	
2400	溴化汞	二溴化汞;溴化高汞	7789-47-1	
2401	溴化氢		10035-10-6	
2402	溴化氢乙酸溶液	溴化氢醋酸溶液		
2403	溴化硒		7789-52-8	
2404	溴化亚汞	一溴化汞	10031-18-2	
2405	溴化亚铊	一溴化铊	7789-40-4	
2406	溴化乙酰	乙酰溴	506-96-7	
2407	溴己烷	己基溴	111-25-1	
2408	2-溴甲苯	邻溴甲苯;邻甲基溴苯;2-甲基溴苯	95-46-5	
2409	3-溴甲苯	间溴甲苯;间甲基溴苯;3-甲基溴苯	591-17-3	
2410	4-溴甲苯	对溴甲苯;对甲基溴苯;4-甲基溴苯	106-38-7	
2411	溴甲烷	甲基溴	74-83-9	
2412	溴甲烷和二溴乙烷液体混合物			

续表

序号	品名	别名	CAS号	备注
2413	3-[3-(4′-溴联苯-4-基)-1，2，3，4-四氢-1-萘基]-4-羟基香豆素	溴鼠灵	56073-10-0	剧毒
2414	3-[3-(4-溴联苯-4-基)-3-羟基-1-苯丙基]-4-羟基香豆素	溴敌隆	28772-56-7	剧毒
2415	溴三氟甲烷	R13B1；三氟溴甲烷	75-63-8	
2416	溴酸		7789-31-3	
2417	溴酸钡		13967-90-3	
2418	溴酸镉		14518-94-6	
2419	溴酸钾		7758-01-2	
2420	溴酸镁		7789-36-8	
2421	溴酸钠		7789-38-0	
2422	溴酸铅		34018-28-5	
2423	溴酸锶		14519-18-7	
2424	溴酸锌		14519-07-4	
2425	溴酸银		7783-89-3	
2426	2-溴戊烷	仲戊基溴；溴代仲戊烷	107-81-3	
2427	2-溴乙醇		540-51-2	
2428	2-溴乙基乙醚		592-55-2	
2429	溴乙酸	溴醋酸	79-08-3	
2430	溴乙酸甲酯	溴醋酸甲酯	96-32-2	
2431	溴乙酸叔丁酯	溴醋酸叔丁酯	5292-43-3	
2432	溴乙酸乙酯	溴醋酸乙酯	105-36-2	
2433	溴乙酸异丙酯	溴醋酸异丙酯	29921-57-1	
2434	溴乙酸正丙酯	溴醋酸正丙酯	35223-80-4	
2435	溴乙烷	乙基溴；溴代乙烷	74-96-4	
2436	溴乙烯[稳定的]	乙烯基溴	593-60-2	
2437	溴乙酰苯	苯甲酰甲基溴	70-11-1	
2438	溴乙酰溴	溴化溴乙酰	598-21-0	
2439	β,β'-亚氨基二丙腈	双(β-氰基乙基)胺	111-94-4	
2440	亚氨基二亚苯	咔唑；9-氮杂芴	86-74-8	
2441	亚胺乙汞	埃米	2597-93-5	
2442	亚碲酸钠		10102-20-2	
2443	4，4′-亚甲基双苯胺	亚甲基二苯胺；4，4′-二氨基二苯基甲烷；防老剂 MDA	101-77-9	
2444	亚磷酸		13598-36-2	
2445	亚磷酸二丁酯		1809-19-4	
2446	亚磷酸二氢铅	二盐基亚磷酸铅	1344-40-7；12141-20-7	
2447	亚磷酸三苯酯		101-02-0	

续表

序号	品名	别名	CAS号	备注
2448	亚磷酸三甲酯	三甲氧基磷	121-45-9	
2449	亚磷酸三乙酯		122-52-1	
2450	亚硫酸		7782-99-2	
2451	亚硫酸氢铵	酸式亚硫酸铵	10192-30-0	
2452	亚硫酸氢钙	酸式亚硫酸钙	13780-03-5	
2453	亚硫酸氢钾	酸式亚硫酸钾	7773-03-7	
2454	亚硫酸氢镁	酸式亚硫酸镁	13774-25-9	
2455	亚硫酸氢钠	酸式亚硫酸钠	7631-90-5	
2456	亚硫酸氢锌	酸式亚硫酸锌	15457-98-4	
2457	亚氯酸钙		14674-72-7	
2458	亚氯酸钠		7758-19-2	
	亚氯酸钠溶液[含有效氯>5%]			
2459	亚砷酸钡		125687-68-5	
2460	亚砷酸钙	亚砒酸钙	27152-57-4	剧毒
2461	亚砷酸钾	偏亚砷酸钾	10124-50-2	
2462	亚砷酸钠	偏亚砷酸钠	7784-46-5	
	亚砷酸钠水溶液			
2463	亚砷酸铅		10031-13-7	
2464	亚砷酸锶	原亚砷酸锶	91724-16-2	
2465	亚砷酸锑			
2466	亚砷酸铁		63989-69-5	
2467	亚砷酸铜	亚砷酸氢铜	10290-12-7	
2468	亚砷酸锌		10326-24-6	
2469	亚砷酸银	原亚砷酸银	7784-08-9	
2470	亚硒酸		7783-00-8	
2471	亚硒酸钡		13718-59-7	
2472	亚硒酸钙		13780-18-2	
2473	亚硒酸钾		10431-47-7	
2474	亚硒酸铝		20960-77-4	
2475	亚硒酸镁		15593-61-0	
2476	亚硒酸钠	亚硒酸二钠	10102-18-8	
2477	亚硒酸氢钠	重亚硒酸钠	7782-82-3	剧毒
2478	亚硒酸铈		15586-47-7	
2479	亚硒酸铜		15168-20-4	
2480	亚硒酸银		28041-84-1	
2481	4-亚硝基-*N*,*N*-二甲基苯胺	对亚硝基二甲基苯胺;*N*,*N*-二甲基-4-亚硝基苯胺	138-89-6	

续表

序号	品名	别名	CAS号	备注
2482	4-亚硝基-*N*,*N*-二乙基苯胺	对亚硝基二乙基苯胺；*N*，*N*-二乙基-4-亚硝基苯胺	120-22-9	
2483	4-亚硝基苯酚	对亚硝基苯酚	104-91-6	
2484	*N*-亚硝基二苯胺	二苯亚硝胺	86-30-6	
2485	*N*-亚硝基二甲胺	二甲基亚硝胺	62-75-9	
2486	亚硝基硫酸	亚硝酰硫酸	7782-78-7	
2487	亚硝酸铵		13446-48-5	
2488	亚硝酸钡		13465-94-6	
2489	亚硝酸钙		13780-06-8	
2490	亚硝酸甲酯		624-91-9	
2491	亚硝酸钾		7758-09-0	
2492	亚硝酸钠		7632-00-0	
2493	亚硝酸镍		17861-62-0	
2494	亚硝酸锌铵		63885-01-8	
2495	亚硝酸乙酯		109-95-5	
2496	亚硝酸乙酯醇溶液			
2497	亚硝酸异丙酯		541-42-4	
2498	亚硝酸异丁酯		542-56-3	
2499	亚硝酸异戊酯		110-46-3	
2500	亚硝酸正丙酯		543-67-9	
2501	亚硝酸正丁酯	亚硝酸丁酯	544-16-1	
2502	亚硝酸正戊酯	亚硝酸戊酯	463-04-7	
2503	亚硝酰氯	氯化亚硝酰	2696-92-6	
2504	1,2-亚乙基双二硫代氨基甲酸二钠	代森钠	142-59-6	
2505	氩[压缩的或液化的]		7440-37-1	
2506	烟碱氯化氢	烟碱盐酸盐	2820-51-1	
2507	盐酸	氢氯酸	7647-01-0	
2508	盐酸-1-萘胺	*α*-萘胺盐酸	552-46-5	
2509	盐酸-1-萘乙二胺	*α*-萘乙二胺盐酸	1465-25-4	
2510	盐酸-2-氨基酚	盐酸邻氨基酚	51-19-4	
2511	盐酸-2-萘胺	*β*-萘胺盐酸	612-52-2	
2512	盐酸-3,3′-二氨基联苯胺	3,3′-二氨基联苯胺盐酸；3,4,3′,4′-四氨基联苯盐酸；硒试剂	7411-49-6	
2513	盐酸-3,3′-二甲基-4,4′-二氨基联苯	邻二氨基二甲基联苯盐酸；3,3′-二甲基联苯胺盐酸	612-82-8	
2514	盐酸-3,3′-二甲氧基-4,4′-二氨基联苯	邻联二茴香胺盐酸；3,3′-二甲氧基联苯胺盐酸	20325-40-0	
2515	盐酸-3,3′-二氯联苯胺	3,3′-二氯联苯胺盐酸	612-83-9	

续表

序号	品名	别名	CAS号	备注
2516	盐酸-3-氯苯胺	盐酸间氯苯胺;橙色基GC	141-85-5	
2517	盐酸-4,4'-二氨基联苯	盐酸联苯胺;联苯胺盐酸	531-85-1	
2518	盐酸-4-氨基-N,N-二乙基苯胺	N,N-二乙基对苯二胺盐酸;对氨基-N,N-二乙基苯胺盐酸	16713-15-8	
2519	盐酸-4-氨基酚	盐酸对氨基酚	51-78-5	
2520	盐酸-4-甲苯胺	对甲苯胺盐酸盐;盐酸-4-甲苯胺	540-23-8	
2521	盐酸苯胺	苯胺盐酸盐	142-04-1	
2522	盐酸苯肼	苯肼盐酸	27140-08-5	
2523	盐酸邻苯二胺	邻苯二胺二盐酸盐;盐酸邻二氨基苯	615-28-1	
2524	盐酸间苯二胺	间苯二胺二盐酸盐;盐酸间二氨基苯	541-69-5	
2525	盐酸对苯二胺	对苯二胺二盐酸盐;盐酸对二氨基苯	624-18-0	
2526	盐酸马钱子碱	二甲氧基士的宁盐酸盐	5786-96-9	
2527	盐酸吐根碱	盐酸依米丁	316-42-7	剧毒
2528	氧[压缩的或液化的]		7782-44-7	
2529	氧化钡	一氧化钡	1304-28-5	
2530	氧化苯乙烯	环氧乙基苯	96-09-3	
2531	β,β'-氧化二丙腈	2,2'-二氰二乙基醚;3,3'-氧化二丙腈;双(2-氰乙基)醚	1656-48-0	
2532	氧化镉[非发火的]		1306-19-0	
2533	氧化汞	一氧化汞;黄降汞;红降汞	21908-53-2	剧毒
2534	氧化环己烯		286-20-4	
2535	氧化钾		12136-45-7	
2536	氧化钠		1313-59-3	
2537	氧化铍		1304-56-9	
2538	氧化铊	三氧化二铊	1314-32-5	
2539	氧化亚汞	黑降汞	15829-53-5	
2540	氧化亚铊	一氧化二铊	1314-12-1	
2541	氧化银		20667-12-3	
2542	氧氯化铬	氯化铬酰;二氯氧化铬;铬酰氯	14977-61-8	
2543	氧氯化硫	硫酰氯;二氯硫酰;磺酰氯	7791-25-5	
2544	氧氯化硒	氯化亚硒酰;二氯氧化硒	7791-23-3	
2545	氧氰化汞[减敏的]	氰氧化汞	1335-31-5	
2546	氧溴化磷	溴化磷酰;磷酰溴;三溴氧化磷	7789-59-5	
2547	腰果壳油	脱羧腰果壳液	8007-24-7	
2548	液化石油气	石油气[液化的]	68476-85-7	

续表

序号	品名	别名	CAS 号	备注
2549	一氟乙酸对溴苯胺		351-05-3	剧毒
2550	一甲胺[无水]	氨基甲烷;甲胺	74-89-5	
	一甲胺溶液	氨基甲烷溶液;甲胺溶液		
2551	一氯丙酮	氯丙酮;氯化丙酮	78-95-5	
2552	一氯二氟甲烷	R22;二氟一氯甲烷;氯二氟甲烷	75-45-6	
2553	一氯化碘		7790-99-0	
2554	一氯化硫	氯化硫	10025-67-9	
2555	一氯三氟甲烷	R13	75-72-9	
2556	一氯五氟乙烷	R115	76-15-3	
2557	一氯乙醛	氯乙醛;2-氯乙醛	107-20-0	
2558	一溴化碘		7789-33-5	
2559	一氧化氮		10102-43-9	
2560	一氧化氮和四氧化二氮混合物			
2561	一氧化二氮[压缩的或液化的]	氧化亚氮;笑气	10024-97-2	
2562	一氧化铅	氧化铅;黄丹	1317-36-8	
2563	一氧化碳		630-08-0	
2564	一氧化碳和氢气混合物	水煤气		
2565	乙胺	氨基乙烷	75-04-7	
	乙胺水溶液[浓度50%～70%]	氨基乙烷水溶液		
2566	乙苯	乙基苯	100-41-4	
2567	乙撑亚胺	吖丙啶;1-氮杂环丙烷;氮丙啶	151-56-4	剧毒
	乙撑亚胺[稳定的]			
2568	乙醇[无水]	无水酒精	64-17-5	
2569	乙醇钾		917-58-8	
2570	乙醇钠	乙氧基钠	141-52-6	
2571	乙醇钠乙醇溶液	乙醇钠合乙醇		
2572	1,2-乙二胺	1,2-二氨基乙烷;乙撑二胺	107-15-3	
2573	乙二醇单甲醚	2-甲氧基乙醇;甲基溶纤剂	109-86-4	
2574	乙二醇二乙醚	1,2-二乙氧基乙烷;二乙基溶纤剂	629-14-1	
2575	乙二醇乙醚	2-乙氧基乙醇;乙基溶纤剂	110-80-5	
2576	乙二醇异丙醚	2-异丙氧基乙醇	109-59-1	
2577	乙二酸二丁酯	草酸二丁酯;草酸丁酯	2050-60-4	
2578	乙二酸二甲酯	草酸二甲酯;草酸甲酯	553-90-2	
2579	乙二酸二乙酯	草酸二乙酯;草酸乙酯	95-92-1	
2580	乙二酰氯	氯化乙二酰;草酰氯	79-37-8	
2581	乙汞硫水杨酸钠盐	硫柳汞钠	54-64-8	

续表

序号	品名	别名	CAS号	备注
2582	2-乙基-1-丁醇	2-乙基丁醇	97-95-0	
2583	2-乙基-1-丁烯		760-21-4	
2584	*N*-乙基-1-萘胺	*N*-乙基-α-萘胺	118-44-5	
2585	*N*-(2-乙基-6-甲基苯基)-*N*-乙氧基甲基-氯乙酰胺	乙草胺	34256-82-1	
2586	*N*-乙基-*N*-(2-羟乙基)全氟辛基磺酰胺		1691-99-2	
2587	*O*-乙基-*O*-(3-甲基-4-甲硫基)苯基-*N*-异丙氨基磷酸酯	苯线磷	22224-92-6	
2588	*O*-乙基-*O*-(4-硝基苯基)苯基硫代膦酸酯[含量>15%]	苯硫膦	2104-64-5	剧毒
2589	*O*-乙基-*O*-[(2-异丙氧基酰基)苯基]-*N*-异丙基硫代磷酰胺	异柳磷	25311-71-1	
2590	*O*-乙基-*O*-2,4,5-三氯苯基-乙基硫代膦酸酯	毒壤膦	327-98-0	
2591	*O*-乙基-*S*,*S*-二苯基二硫代磷酸酯	敌瘟磷	17109-49-8	
2592	*O*-乙基-*S*,*S*-二丙基二硫代磷酸酯	灭线磷	13194-48-4	
2593	*O*-乙基-*S*-苯基乙基二硫代膦酸酯[含量>6%]	地虫硫膦	944-22-9	剧毒
2594	2-乙基苯胺	邻乙基苯胺;邻氨基乙苯	578-54-1	
2595	*N*-乙基苯胺		103-69-5	
2596	乙基苯基二氯硅烷		1125-27-5	
2597	2-乙基吡啶		100-71-0	
2598	3-乙基吡啶		536-78-7	
2599	4-乙基吡啶		536-75-4	
2600	乙基丙基醚	乙丙醚	628-32-0	
2601	1-乙基丁醇	3-己醇	623-37-0	
2602	2-乙基丁醛	二乙基乙醛	97-96-1	
2603	*N*-乙基对甲苯胺	乙氨基对甲苯	622-57-1	
2604	乙基二氯硅烷		1789-58-8	
2605	乙基二氯胂	二氯化乙基胂	598-14-1	
2606	乙基环己烷		1678-91-7	
2607	乙基环戊烷		1640-89-7	
2608	2-乙基己胺	3-(氨基甲基)庚烷	104-75-6	
2609	乙基己醛		123-05-7	
2610	3-乙基己烷		619-99-8	
2611	*N*-乙基间甲苯胺	乙氨基间甲苯	102-27-2	
2612	乙基硫酸	酸式硫酸乙酯	540-82-9	
2613	*N*-乙基吗啉	*N*-乙基四氢-1,4-噁嗪	100-74-3	
2614	*N*-乙基哌啶	*N*-乙基六氢吡啶;1-乙基哌啶	766-09-6	

续表

序号	品名	别名	CAS号	备注
2615	N-乙基全氟辛基磺酰胺		4151-50-2	
2616	乙基三氯硅烷	三氯乙基硅烷	115-21-9	
2617	乙基三乙氧基硅烷	三乙氧基乙基硅烷	78-07-9	
2618	3-乙基戊烷		617-78-7	
2619	乙基烯丙基醚	烯丙基乙基醚	557-31-3	
2620	S-乙基亚磺酰甲基-O,O-二异丙基二硫代磷酸酯	丰丙磷	5827-05-4	
2621	乙基正丁基醚	乙氧基丁烷;乙丁醚	628-81-9	
2622	乙腈	甲基氰	75-05-8	
2623	乙硫醇	氢硫基乙烷;巯基乙烷	75-08-1	
2624	2-乙硫基苄基 N-甲基氨基甲酸酯	乙硫苯威	29973-13-5	
2625	乙醚	二乙基醚	60-29-7	
2626	乙硼烷	二硼烷	19287-45-7	剧毒
2627	乙醛		75-07-0	
2628	乙醛肟	亚乙基羟胺;亚乙基胲	107-29-9	
2629	乙炔	电石气	74-86-2	
2630	乙酸[含量>80%]	醋酸	64-19-7	
	乙酸溶液[10%<含量≤80%]	醋酸溶液		
2631	乙酸钡	醋酸钡	543-80-6	
2632	乙酸苯胺	醋酸苯胺	542-14-3	
2633	乙酸苯汞		62-38-4	
2634	乙酸酐	醋酸酐	108-24-7	
2635	乙酸汞	乙酸高汞;醋酸汞	1600-27-7	剧毒
2636	乙酸环己酯	醋酸环己酯	622-45-7	
2637	乙酸甲氧基乙基汞	醋酸甲氧基乙基汞	151-38-2	剧毒
2638	乙酸甲酯	醋酸甲酯	79-20-9	
2639	乙酸间甲酚酯	醋酸间甲酚酯	122-46-3	
2640	乙酸铍	醋酸铍	543-81-7	
2641	乙酸铅	醋酸铅	301-04-2	
2642	乙酸三甲基锡	醋酸三甲基锡	1118-14-5	剧毒
2643	乙酸三乙基锡	三乙基乙酸锡	1907-13-7	剧毒
2644	乙酸叔丁酯	醋酸叔丁酯	540-88-5	
2645	乙酸烯丙酯	醋酸烯丙酯	591-87-7	
2646	乙酸亚汞		631-60-7	
2647	乙酸亚铊	乙酸铊;醋酸铊	563-68-8	
2648	乙酸乙二醇乙醚	乙酸乙基溶纤剂;乙二醇乙醚乙酸酯;2-乙氧基乙酸乙酯	111-15-9	

续表

序号	品名	别名	CAS 号	备注
2649	乙酸乙基丁酯	醋酸乙基丁酯；乙基丁基乙酸酯	10031-87-5	
2650	乙酸乙烯酯[稳定的]	乙烯基乙酸酯；醋酸乙烯酯	108-05-4	
2651	乙酸乙酯	醋酸乙酯	141-78-6	
2652	乙酸异丙烯酯	醋酸异丙烯酯	108-22-5	
2653	乙酸异丙酯	醋酸异丙酯	108-21-4	
2654	乙酸异丁酯	醋酸异丁酯	110-19-0	
2655	乙酸异戊酯	醋酸异戊酯	123-92-2	
2656	乙酸正丙酯	醋酸正丙酯	109-60-4	
2657	乙酸正丁酯	醋酸正丁酯	123-86-4	
2658	乙酸正己酯	醋酸正己酯	142-92-7	
2659	乙酸正戊酯	醋酸正戊酯	628-63-7	
2660	乙酸仲丁酯	醋酸仲丁酯	105-46-4	
2661	乙烷		74-84-0	
2662	乙烯		74-85-1	
2663	乙烯(2-氯乙基)醚	(2-氯乙基)乙烯醚	110-75-8	
2664	4-乙烯-1-环己烯	4-乙烯基环己烯	100-40-3	
2665	乙烯砜	二乙烯砜	77-77-0	剧毒
2666	2-乙烯基吡啶		100-69-6	
2667	4-乙烯基吡啶		100-43-6	
2668	乙烯基甲苯异构体混合物[稳定的]		25013-15-4	
2669	4-乙烯基间二甲苯	2,4-二甲基苯乙烯	1195-32-0	
2670	乙烯基三氯硅烷[稳定的]	三氯乙烯硅烷	75-94-5	
2671	*N*-乙烯基乙撑亚胺	*N*-乙烯基氮丙环	5628-99-9	剧毒
2672	乙烯基乙醚[稳定的]	乙基乙烯醚；乙氧基乙烯	109-92-2	
2673	乙烯基乙酸异丁酯		24342-03-8	
2674	乙烯三乙氧基硅烷	三乙氧基乙烯硅烷	78-08-0	
2675	*N*-乙酰对苯二胺	对氨基苯乙酰胺；对乙酰氨基苯胺	122-80-5	
2676	乙酰过氧化磺酰环己烷[含量≤32%，含B型稀释剂[②]≥68%]	过氧化乙酰磺酰环己烷	3179-56-4	
	乙酰过氧化磺酰环己烷[含量≤82%，含水≥12%]			
2677	乙酰基乙烯酮[稳定的]	双烯酮；二乙烯酮	674-82-8	
2678	3-(α-乙酰甲基苄基)-4-羟基香豆素	杀鼠灵	81-81-2	
2679	乙酰氯	氯化乙酰	75-36-5	
2680	乙酰替硫脲	1-乙酰硫脲	591-08-2	

续表

序号	品名	别名	CAS号	备注
2681	乙酰亚砷酸铜	巴黎绿；祖母绿；醋酸亚砷酸铜；翡翠绿；帝绿；苔绿；维也纳绿；草地绿；翠绿	12002-03-8	
2682	2-乙氧基苯胺	邻氨基苯乙醚；邻乙氧基苯胺	94-70-2	
2683	3-乙氧基苯胺	间乙氧基苯胺；间氨基苯乙醚	621-33-0	
2684	4-乙氧基苯胺	对乙氧基苯胺；对氨基苯乙醚	156-43-4	
2685	1-异丙基-3-甲基吡唑-5-基 *N*,*N*-二甲基氨基甲酸酯[含量>20%]	异索威	119-38-0	剧毒
2686	3-异丙基-5-甲基苯基 *N*-甲基氨基甲酸酯	猛杀威	2631-37-0	
2687	*N*-异丙基-*N*-苯基-氯乙酰胺	毒草胺	1918-16-7	
2688	异丙基苯	枯烯；异丙苯	98-82-8	
2689	3-异丙基苯基-*N*-氨基甲酸甲酯	间异丙威	64-00-6	
2690	异丙基异丙苯基氢过氧化物[含量≤72%，含A型稀释剂[①]≥28%]	过氧化氢二异丙苯	26762-93-6	
2691	异丙硫醇	硫代异丙醇；2-巯基丙烷	75-33-2	
2692	异丙醚	二异丙基醚	108-20-3	
2693	异丙烯基乙炔		78-80-8	
2694	异丁胺	1-氨基-2-甲基丙烷	78-81-9	
2695	异丁基苯	异丁苯	538-93-2	
2696	异丁基环戊烷		3788-32-7	
2697	异丁基乙烯基醚[稳定的]	乙烯基异丁醚；异丁氧基乙烯	109-53-5	
2698	异丁腈	异丙基氰	78-82-0	
2699	异丁醛	2-甲基丙醛	78-84-2	
2700	异丁酸	2-甲基丙酸	79-31-2	
2701	异丁酸酐	异丁酐	97-72-3	
2702	异丁酸甲酯		547-63-7	
2703	异丁酸乙酯		97-62-1	
2704	异丁酸异丙酯		617-50-5	
2705	异丁酸异丁酯		97-85-8	
2706	异丁酸正丙酯		644-49-5	
2707	异丁烷	2-甲基丙烷	75-28-5	
2708	异丁烯	2-甲基丙烯	115-11-7	
2709	异丁酰氯	氯化异丁酰	79-30-1	
2710	异佛尔酮二异氰酸酯		4098-71-9	
2711	异庚烯		68975-47-3	
2712	异己烯		27236-46-0	
2713	异硫氰酸-1-萘酯		551-06-4	
2714	异硫氰酸苯酯	苯基芥子油	103-72-0	

续表

序号	品名	别名	CAS号	备注
2715	异硫氰酸烯丙酯	人造芥子油;烯丙基异硫氰酸酯;烯丙基芥子油	57-06-7	
2716	异氰基乙酸乙酯		2999-46-4	
2717	异氰酸-3-氯-4-甲苯酯	3-氯-4-甲基苯基异氰酸酯	28479-22-3	
2718	异氰酸苯酯	苯基异氰酸酯	103-71-9	剧毒
2719	异氰酸对硝基苯酯	对硝基苯异氰酸酯;异氰酸-4硝基苯酯	100-28-7	
2720	异氰酸对溴苯酯	4-溴异氰酸苯酯	2493-02-9	
2721	异氰酸二氯苯酯	3,4-二氯苯基异氰酸酯	102-36-3	
2722	异氰酸环己酯	环己基异氰酸酯	3173-53-3	
2723	异氰酸甲酯	甲基异氰酸酯	624-83-9	剧毒
2724	异氰酸三氟甲苯酯	三氟甲苯异氰酸酯	329-01-1	
2725	异氰酸十八酯	十八异氰酸酯	112-96-9	
2726	异氰酸叔丁酯		1609-86-5	
2727	异氰酸乙酯	乙基异氰酸酯	109-90-0	
2728	异氰酸异丙酯		1795-48-8	
2729	异氰酸异丁酯		1873-29-6	
2730	异氰酸正丙酯		110-78-1	
2731	异氰酸正丁酯		111-36-4	
2732	异山梨醇二硝酸酯混合物[含乳糖、淀粉或磷酸≥60%]	混合异山梨醇二硝酸酯		
2733	异戊胺	1-氨基-3-甲基丁烷	107-85-7	
2734	异戊醇钠	异戊氧基钠	19533-24-5	
2735	异戊腈	氰化异丁烷	625-28-5	
2736	异戊酸甲酯		556-24-1	
2737	异戊酸乙酯		108-64-5	
2738	异戊酸异丙酯		32665-23-9	
2739	异戊酰氯		108-12-3	
2740	异辛烷		26635-64-3	
2741	异辛烯		5026-76-6	
2742	萤蒽		206-44-0	
2743	油酸汞		1191-80-6	
2744	淤渣硫酸			
2745	原丙酸三乙酯	原丙酸乙酯;1,1,1-三乙氧基丙烷	115-80-0	
2746	原甲酸三甲酯	原甲酸甲酯;三甲氧基甲烷	149-73-5	
2747	原甲酸三乙酯	三乙氧基甲烷;原甲酸乙酯	122-51-0	
2748	原乙酸三甲酯	1,1,1-三甲氧基乙烷	1445-45-0	
2749	月桂酸三丁基锡		3090-36-6	

续表

序号	品名	别名	CAS号	备注
2750	杂戊醇	杂醇油	8013-75-0	
2751	樟脑油	樟木油	8008-51-3	
2752	锗烷	四氢化锗	7782-65-2	
2753	赭曲毒素	棕曲霉毒素	37203-43-3	
2754	赭曲毒素 A	棕曲霉毒素 A	303-47-9	
2755	正丙苯	丙苯;丙基苯	103-65-1	
2756	正丙基环戊烷		2040-96-2	
2757	正丙硫醇	1-巯基丙烷;硫代正丙醇	107-03-9	
2758	正丙醚	二正丙醚	111-43-3	
2759	正丁胺	1-氨基丁烷	109-73-9	
2760	*N*-(1-正丁氨基甲酰基-2-苯并咪唑基)氨基甲酸甲酯	苯菌灵	17804-35-2	
2761	正丁醇		71-36-3	
2762	正丁基苯		104-51-8	
2763	*N*-正丁基苯胺		1126-78-9	
2764	正丁基环戊烷		2040-95-1	
2765	*N*-正丁基咪唑	*N*-正丁基-1,3-二氮杂茂	4316-42-1	
2766	正丁基乙烯基醚[稳定的]	正丁氧基乙烯;乙烯正丁醚	111-34-2	
2767	正丁腈	丙基氰	109-74-0	
2768	正丁硫醇	1-硫代丁醇	109-79-5	
2769	正丁醚	氧化二丁烷;二丁醚	142-96-1	
2770	正丁醛		123-72-8	
2771	正丁酸	丁酸	107-92-6	
2772	正丁酸甲酯		623-42-7	
2773	正丁酸乙烯酯[稳定的]	乙烯基丁酸酯	123-20-6	
2774	正丁酸乙酯		105-54-4	
2775	正丁酸异丙酯		638-11-9	
2776	正丁酸正丙酯		105-66-8	
2777	正丁酸正丁酯	丁酸正丁酯	109-21-7	
2778	正丁烷	丁烷	106-97-8	
2779	正丁酰氯	氯化丁酰	141-75-3	
2780	正庚胺	氨基庚烷	111-68-2	
2781	正庚醛		111-71-7	
2782	正庚烷	庚烷	142-82-5	
2783	正硅酸甲酯	四甲氧基硅烷;硅酸四甲酯;原硅酸甲酯	681-84-5	
2784	正癸烷		124-18-5	
2785	正己胺	1-氨基己烷	111-26-2	

续表

序号	品名	别名	CAS 号	备注
2786	正己醛		66-25-1	
2787	正己酸甲酯		106-70-7	
2788	正己酸乙酯		123-66-0	
2789	正己烷	己烷	110-54-3	
2790	正磷酸	磷酸	7664-38-2	
2791	正戊胺	1-氨基戊烷	110-58-7	
2792	正戊酸	戊酸	109-52-4	
2793	正戊酸甲酯		624-24-8	
2794	正戊酸乙酯		539-82-2	
2795	正戊酸正丙酯		141-06-0	
2796	正戊烷	戊烷	109-66-0	
2797	正辛腈	庚基氰	124-12-9	
2798	正辛硫醇	巯基辛烷	111-88-6	
2799	正辛烷		111-65-9	
2800	支链-4-壬基酚		84852-15-3	
2801	仲丁胺	2-氨基丁烷	13952-84-6	
2802	2-仲丁基-4,6-二硝基苯基-3-甲基丁-2-烯酸酯	乐杀螨	485-31-4	
2803	2-仲丁基-4,6-二硝基酚	二硝基仲丁基苯酚;4,6-二硝基-2-仲丁基苯酚;地乐酚	88-85-7	
2804	仲丁基苯	仲丁苯	135-98-8	
2805	仲高碘酸钾	仲过碘酸钾;一缩原高碘酸钾	14691-87-3	
2806	仲高碘酸钠	仲过碘酸钠;一缩原高碘酸钠	13940-38-0	
2807	仲戊胺	1-甲基丁胺	625-30-9	
2808	2-重氮-1-萘酚-4-磺酸钠		64173-96-2	
2809	2-重氮-1-萘酚-5-磺酸钠		2657-00-3	
2810	2-重氮-1-萘酚-4-磺酰氯		36451-09-9	
2811	2-重氮-1-萘酚-5-磺酰氯		3770-97-6	
2812	重氮氨基苯	三氮二苯;苯氨基重氮苯	136-35-6	
2813	重氮甲烷		334-88-3	
2814	重氮乙酸乙酯	重氮醋酸乙酯	623-73-4	
2815	重铬酸铵	红矾铵	7789-09-5	
2816	重铬酸钡		13477-01-5	
2817	重铬酸钾	红矾钾	7778-50-9	
2818	重铬酸锂		13843-81-7	
2819	重铬酸铝			
2820	重铬酸钠	红矾钠	10588-01-9	
2821	重铬酸铯		13530-67-1	

续表

序号	品名	别名	CAS号	备注
2822	重铬酸铜		13675-47-3	
2823	重铬酸锌		14018-95-2	
2824	重铬酸银		7784-02-3	
2825	重质苯			
2826	D-苎烯		5989-27-5	
2827	左旋溶肉瘤素	左旋苯丙氨酸氮芥;米尔法兰	148-82-3	
2828[④]	含易燃溶剂的合成树脂、油漆、辅助材料、涂料等制品[闭杯闪点≤60℃]			

① A型稀释剂是指与有机过氧化物相容、沸点不低于150℃的有机液体。A型稀释剂可用来对所有有机过氧化物进行退敏。

② B型稀释剂是指与有机过氧化物相容、沸点低于150℃但不低于60℃、闪点不低于5℃的有机液体。B型稀释剂可用来对所有有机过氧化物进行退敏，但沸点必须至少比50kg包件的自加速分解温度高60℃。

③ 根据应急管理部等公告2022年第8号，调整《危险化学品目录（2015版）》，将“1674 柴油［闭杯闪点≤60℃］”调整为“1674 柴油”。自2023年1月1日起施行。

④ 闪点高于35℃，但不超过60℃的液体如果在持续燃烧性试验中得到否定结果，则可将其视为非易燃液体，不作为易燃液体管理。

重点监管的危险化学品名录（2013年完整版）

［安全监管总局，安监总管三［2011］95号（2011年6月21日）、安监总管三［2013］12号（2013年2月5日）］

序号	化学品名称	别名	CAS号
1	氯	液氯、氯气	7782-50-5
2	氨	液氨、氨气	7664-41-7
3	液化石油气		68476-85-7
4	硫化氢		7783-06-4
5	甲烷、天然气		74-82-8(甲烷)
6	原油		
7	汽油(含甲醇汽油、乙醇汽油)、石脑油		8006-61-9(汽油)
8	氢	氢气	1333-74-0
9	苯(含粗苯)		71-43-2
10	碳酰氯	光气	75-44-5
11	二氧化硫		7446-09-5
12	一氧化碳		630-08-0
13	甲醇	木醇、木精	67-56-1
14	丙烯腈	氰基乙烯、乙烯基氰	107-13-1

续表

序号	化学品名称	别名	CAS号
15	环氧乙烷	氧化乙烯	75-21-8
16	乙炔	电石气	74-86-2
17	氟化氢、氢氟酸		7664-39-3
18	氯乙烯		75-01-4
19	甲苯	甲基苯、苯基甲烷	108-88-3
20	氰化氢、氢氰酸		74-90-8
21	乙烯		74-85-1
22	三氯化磷		7719-12-2
23	硝基苯		98-95-3
24	苯乙烯		100-42-5
25	环氧丙烷		75-56-9
26	一氯甲烷		74-87-3
27	1,3-丁二烯		106-99-0
28	硫酸二甲酯		77-78-1
29	氰化钠		143-33-9
30	1-丙烯、丙烯		115-07-1
31	苯胺		62-53-3
32	甲醚		115-10-6
33	丙烯醛、2-丙烯醛		107-02-8
34	氯苯		108-90-7
35	乙酸乙烯酯		108-05-4
36	二甲胺		124-40-3
37	苯酚	石炭酸	108-95-2
38	四氯化钛		7550-45-0
39	甲苯二异氰酸酯	TDI	584-84-9
40	过氧乙酸	过乙酸、过醋酸	79-21-0
41	六氯环戊二烯		77-47-4
42	二硫化碳		75-15-0
43	乙烷		74-84-0
44	环氧氯丙烷	3-氯-1,2-环氧丙烷	106-89-8
45	丙酮氰醇	2-甲基-2-羟基丙腈	75-86-5
46	磷化氢	膦	7803-51-2
47	氯甲基甲醚		107-30-2
48	三氟化硼		7637-07-2
49	烯丙胺	3-氨基丙烯	107-11-9
50	异氰酸甲酯	甲基异氰酸酯	624-83-9
51	甲基叔丁基醚		1634-04-4
52	乙酸乙酯		141-78-6
53	丙烯酸		79-10-7

续表

序号	化学品名称	别名	CAS号
54	硝酸铵		6484-52-2
55	三氧化硫	硫酸酐	7446-11-9
56	三氯甲烷	氯仿	67-66-3
57	甲基肼		60-34-4
58	一甲胺		74-89-5
59	乙醛		75-07-0
60	氯甲酸三氯甲酯	双光气	503-38-8
61	氯酸钠	白药钠	7775-9-9
62	氯酸钾	白药粉、盐卜、洋硝	3811-4-9
63	过氧化甲乙酮	白水	1338-23-4
64	过氧化(二)苯甲酰		94-36-0
65	硝化纤维素	硝化棉	9004-70-0
66	硝酸胍		506-93-4
67	高氯酸铵		7790-98-9
68	过氧化苯甲酸叔丁酯		614-45-9
69	*N*,*N*′-二亚硝基五亚甲基四胺		101-25-7
70	硝基胍	橄苦岩	556-88-7
71	2,2′-偶氮二异丁腈		78-67-1
72	2,2′-偶氮-二-(2,4-二甲基戊腈)	偶氮二异庚腈	4419-11-8
73	硝化甘油		55-63-0
74	乙醚		60-29-7

特别管控危险化学品目录（第一版）

（应急管理部、工业和信息化部、公安部、交通运输部，
公告2020年第1号，2020年5月30日）

序号	品名	别名	CAS号	UN编号	主要危险性
一、爆炸性化学品					
1	硝酸铵[(钝化)改性硝酸铵除外]	硝铵	6484-52-2	0222,1942,2426	急剧加热会发生爆炸；与还原剂、有机物等混合可形成爆炸性混合物
2	硝化纤维素(包括属于易燃固体的硝化纤维素)	硝化棉	9004-70-0	0340,0341,0342,0343,2555,2556,2557	干燥时能自燃，遇高热、火星有燃烧爆炸的危险

续表

序号	品名	别名	CAS 号	UN 编号	主要危险性
3	氯酸钾	白药粉	3811-04-9	1485	强氧化剂,与还原剂、有机物、易燃物质、金属粉末等混合可形成爆炸性混合物
4	氯酸钠	氯酸鲁达、氯酸碱、白药钠	7775-09-9	1495	强氧化剂,与还原剂、有机物、易燃物质、金属粉末等混合可形成爆炸性混合物
二、有毒化学品(包括有毒气体、挥发性有毒液体和固体剧毒化学品)					
5	氯	液氯、氯气	7782-50-5	1017	剧毒气体,吸入可致死
6	氨	液氨、氨气	7664-41-7	1005	有毒气体,吸入可引起中毒性肺气肿;与空气能形成爆炸性混合物
7	异氰酸甲酯	甲基异氰酸酯	624-83-9	2480	剧毒液体,吸入蒸气可致死;高度易燃液体,蒸气与空气能形成爆炸性混合物
8	硫酸二甲酯	硫酸甲酯	77-78-1	1595	有毒液体,吸入蒸气可致死;可燃
9	氰化钠	山奈、山奈钠	143-33-9	1689,3414	剧毒;遇酸产生剧毒、易燃的氰化氢气体
10	氰化钾	山奈钾	151-50-8	1680,3413	剧毒;遇酸产生剧毒、易燃的氰化氢气体
三、易燃气体					
11	液化石油气	LPG	68476-85-7	1075	易燃气体,与空气能形成爆炸性混合物
12	液化天然气	LNG	8006-14-2	1972	易燃气体,与空气能形成爆炸性混合物
13	环氧乙烷	氧化乙烯	75-21-8	1040	易燃气体,与空气能形成爆炸性混合物,加热时剧烈分解,有着火和爆炸危险
14	氯乙烯	乙烯基氯	75-01-4	1086	易燃气体,与空气能形成爆炸性混合物;火场温度下易发生危险的聚合反应
15	二甲醚	甲醚	115-10-6	1033	易燃气体,与空气能形成爆炸性混合物
四、易燃液体					
16	汽油(包括甲醇汽油、乙醇汽油)		86290-81-5	1203,3475	极易燃液体,蒸气与空气能形成爆炸性混合物
17	1,2-环氧丙烷	氧化丙烯	75-56-9	1280	极易燃液体,蒸气与空气能形成爆炸性混合物
18	二硫化碳		75-15-0	1131	极易燃液体,蒸气与空气能形成爆炸性混合物;有毒液体
19	甲醇	木醇、木精	67-56-1	1230	高度易燃液体,蒸气与空气能形成爆炸性混合物;有毒液体
20	乙醇	酒精	64-17-5	1170	高度易燃液体,蒸气与空气能形成爆炸性混合物

注:1. 特别管控危险化学品是指固有危险性高、发生事故的安全风险大、事故后果严重、流通量大,需要特别管控的危险化学品。

2. 序号是指《特别管控危险化学品目录(第一版)》中的顺序号。

3. 品名是指根据《化学命名原则》(1980)确定的名称。

4. 别名是指除品名以外的其他名称,包括通用名、俗名等。

5. CAS 号是指美国化学文摘社对化学品的唯一登记号。

6. UN 编号是指联合国危险货物运输编号。

7. 主要危险性是指特别管控危险化学品最重要的危险特性。

8. 所列条目是指该条目的工业产品或者纯度高于工业产品的化学品。

9. 符合国家标准《化学试剂 包装及标志》(GB 15346—2012)的试剂类产品不适用本目录及特别管控措施。

10. 纳入《城镇燃气管理条例》管理范围的燃气不适用本目录及特别管控措施。国防科研单位生产、储存、使用的特别管控危险化学品不适用本目录及特别管控措施。

11. 甲醇、乙醇的管控措施仅限于强化运输管理。

12. 硝酸铵的销售、购买审批管理环节按民用爆炸物品的有关规定进行管理。

13. 通过水运、空运、铁路、管道运输的特别管控危险化学品,应依照主管部门的规定执行。

各类监控化学品名录

（工业和信息化部令第52号，2020年6月3日）

第一类：可作为化学武器的化学品

A.

（1）烷基（甲基、乙基、正丙基或异丙基）氟膦酸烷（少于或等于10个碳原子的碳链，包括环烷）酯

例如，沙林：甲基氟膦酸异丙酯（107-44-8）[1]

梭曼：甲基氟膦酸频哪酯（96-64-0）

（2）二烷（甲、乙、正丙或异丙）氨基氰膦酸烷（少于或等于10个碳原子的碳链，包括环烷）酯

例如，塔崩：二甲氨基氰膦酸乙酯（77-81-6）

（3）烷基（甲基、乙基、正丙基或异丙基）硫代膦酸烷基（氢或少于或等于10个碳原子的碳链，包括环烷基）-S-2-二烷（甲、乙、正丙或异丙）氨基乙酯及相应烷基化盐或质子化盐

例如，VX：甲基硫代膦酸乙基-S-2-二异丙氨基乙酯（50782-69-9）

（4）硫芥气

2-氯乙基氯甲基硫醚（2625-76-5）

芥子气：二（2-氯乙基）硫醚（505-60-2）

二（2-氯乙硫基）甲烷（63869-13-6）

倍半芥气：1,2-二（2-氯乙硫基）乙烷（3563-36-8）

1,3-二（2-氯乙硫基）正丙烷（63905-10-2）

1,4-二（2-氯乙硫基）正丁烷（142868-93-7）

1,5-二（2-氯乙硫基）正戊烷（142868-94-8）

二（2-氯乙硫基甲基）醚（63918-90-1）

氧芥气：二（2-氯乙硫基乙基）醚（63918-89-8）

（5）路易氏剂

路易氏剂1：2-氯乙烯基二氯胂（541-25-3）

路易氏剂2：二（2-氯乙烯基）氯胂（40334-69-8）

路易氏剂3：三（2-氯乙烯基）胂（40334-70-1）

（6）氮芥气

HN1：*N*,*N*-二（2-氯乙基）乙胺（538-07-8）

HN2：*N*,*N*-二（2-氯乙基）甲胺（51-75-2）

HN3：三（2-氯乙基）胺（555-77-1）

（7）石房蛤毒素（35523-89-8）

---

[1] 化学文摘社登记号。

（8）蓖麻毒素（9009-86-3）

（9）*N*-{1-[二烷基(少于或等于 10 个碳原子的碳链,包括环烷)胺基]亚烷基(氢、少于或等于 10 个碳原子的碳链,包括环烷)}-*P*-烷基(氢、少于或等于 10 个碳原子的碳链,包括环烷)氟膦酰胺和相应的烷基化盐或质子化盐

例如，*N*-[1-(二正癸胺基)亚正癸基]-*P*-正癸基氟膦酰胺（2387495-99-8）

N-[1-(二乙胺基)亚乙基]-*P*-甲氟膦酰胺（2387496-12-8）

（10）*N*-[1-二烷基(少于或等于 10 个碳原子的碳链,包括环烷)胺基]亚烷基（氢、少于或等于 10 个碳原子的碳链，包括环烷）氨基氟磷酸烷（氢、少于或等于 10 个碳原子的碳链，包括环烷）酯和相应的烷基化盐或质子化盐

例如，*N*-[1-(二正癸胺基)正亚癸基]氨基氟磷酸正癸酯（2387496-00-4）

N-[1-(二乙胺基)亚乙基]氨基氟磷酸甲酯（2387496-04-8）

N-[1-(二乙胺基)亚乙基]氨基氟磷酸乙酯（2387496-06-0）

（11）[双(二乙胺基)亚甲基]甲氟膦酰胺（2387496-14-0）

（12）氨基甲酸酯类（二甲胺基甲酸吡啶酯类季铵盐和双季铵盐）：

二甲胺基甲酸吡啶酯类季铵盐：

1-[*N*,*N*-二烷基(少于或等于 10 个碳原子的碳链)-*N*-(*n*-羟基,氰基,乙酰氧基)烷基(少于或等于 10 个碳原子的碳链)]-*n*-[*N*-(3-二甲胺基甲酰氧基-*α*-皮考啉基)-*N*,*N*-二烷基(少于或等于 10 个碳原子的碳链)]二溴癸铵盐($n=1\sim8$)

例如：

1-[*N*,*N*-二甲基-*N*-(2-羟基)乙基]-10-[*N*-(3-二甲胺基甲酰氧基-*α*-皮考啉基)-*N*,*N*-二甲基]二溴癸铵盐（77104-62-2）

二甲胺基甲酸吡啶酯类的双季铵盐：

1,*n*-双[*N*-(3-二甲基胺基甲酰氧基-*α*-皮考啉基)-*N*,*N*-二烷基(少于或等于 10 个碳原子的碳链)]-[2,(*n*-1)-二酮]二溴烷铵盐($n=2\sim12$)

例如，1,10-双[*N*-(3-二甲胺基甲酰氧基-*α*-皮考啉基)-*N*-乙基-*N*-甲基]-2,9-二酮-二溴癸铵盐（77104-00-8）

B.

（13）烷基（甲基、乙基、正丙基或异丙基）膦酰二氟

例如，DF：甲基膦酰二氟（676-99-3）

（14）烷基（甲基、乙基、正丙基或异丙基）亚膦酸烷基（氢或少于或等于 10 个碳原子的碳链，包括环烷基)-2-二烷（甲、乙、正丙或异丙）氨基乙酯及相应烷基化盐或质子化盐

例如，QL：甲基亚膦酸乙基-2-二异丙氨基乙酯（57856-11-8）

（15）氯沙林：甲基氯膦酸异丙酯（1445-76-7）

（16）氯梭曼：甲基氯膦酸频哪酯（7040-57-5）

第二类：可作为生产化学武器前体的化学品

A.

（1）胺吸膦：硫代磷酸二乙基-*S*-2-二乙氨基乙酯及相应烷基化盐或质子化盐（78-53-5）

（2）PFIB：1,1,3,3,3-五氟-2-三氟甲基-1-丙烯(又名:全氟异丁烯;八氟异丁烯)（382-21-8）

（3）BZ：二苯乙醇酸-3-奎宁环酯（6581-06-2）

B.

（4）含有一个磷原子并有一个甲基、乙基或（正或异）丙基原子团与该磷原子结合的化

学品，不包括含更多碳原子的情形，但第一类名录所列者除外

例如，甲基膦酰二氯（676-97-1）

甲基膦酸二甲酯（756-79-6）

例外，地虫磷：二硫代乙基膦酸-S-苯基乙酯（944-22-9）

（5）二烷（甲、乙、正丙或异丙）氨基膦酰二卤

（6）二烷（甲、乙、正丙或异丙）氨基膦酸二烷（甲、乙、正丙或异丙）酯

（7）三氯化砷（7784-34-1）

（8）2,2-二苯基-2-羟基乙酸：二苯羟乙酸；二苯乙醇酸（76-93-7）

（9）奎宁环-3-醇（1619-34-7）

（10）二烷（甲、乙、正丙或异丙）氨基乙基-2-氯及相应质子化盐

（11）二烷（甲、乙、正丙或异丙）氨基乙基-2-醇及相应质子化盐

例外，二甲氨基乙醇及相应质子化盐（108-01-0）

乙氨基乙醇及相应质子化盐（100-37-8）

（12）二烷（甲、乙、正丙或异丙）氨基乙基-2-硫醇及相应质子化盐

（13）硫二甘醇：二（2-羟乙基）硫醚；硫代双乙醇（111-48-8）

（14）频哪基醇：3,3-二甲基丁-2-醇（464-07-3）

第三类：可作为生产化学武器主要原料的化学品

A.

（1）光气：碳酰二氯（75-44-5）

（2）氯化氰（506-77-4）

（3）氰化氢（74-90-8）

（4）氯化苦：三氯硝基甲烷（76-06-2）

B.

（5）磷酰氯：三氯氧磷；氧氯化磷（10025-87-3）

（6）三氯化磷（7719-12-2）

（7）五氯化磷（10026-13-8）

（8）亚磷酸三甲酯（121-45-9）

（9）亚磷酸三乙酯（122-52-1）

（10）亚磷酸二甲酯（868-85-9）

（11）亚磷酸二乙酯（762-04-9）

（12）一氯化硫（10025-67-9）

（13）二氯化硫（10545-99-0）

（14）亚硫酰氯：氯化亚砜；氧氯化硫（7719-09-7）

（15）乙基二乙醇胺（139-87-7）

（16）甲基二乙醇胺（105-59-9）

（17）三乙醇胺（102-71-6）

第四类：除炸药和纯碳氢化合物以外的特定有机化学品❶

---

❶ 国家禁化武办编制了《部分第四类监控化学品名录（2019 版）》及其索引，共收录了 8939 个第四类监控化学品。详见工业和信息化部网站 http://www.miit.gov.cn。

“特定有机化学品”是指可由其化学名称、结构式（如果已知的话）和化学文摘社登记号（如果已给定此一号码）辨明的属于除碳的氧化物、硫化物和金属碳酸盐以外的所有碳化合物所组成的化合物族类的任何化学品。

列入第三类监控化学品的新增品种清单

（国家石油和化学工业局令第 1 号，1998 年 6 月 14 日）

《列入第三类监控化学品的新增品种清单》的化学品名称如下：

1. 3-羟基-1-甲基哌啶（3554-74-3）
2. 3-奎宁环酮（3731-38-2）
3. 频哪酮（75-97-8）
4. 氰化钾（151-50-8）
5. 氰化钠（143-33-9）
6. 五硫化二磷（1314-80-3）
7. 二甲胺（124-40-3）
8. 三乙醇胺盐酸盐（637-39-8）
9. 二甲胺盐酸盐（606-59-2）
10. 二苯乙醇酸甲酯（76-89-1）

高毒物品目录（2003年版）

（卫生部，卫法监发［2003］142号，2003年6月10日）

序号	毒物名称 CAS No.	别名	英文名称	MAC /(mg/m³)	PC-TWA /(mg/m³)	PC-STEL /(mg/m³)
1	*N*-甲基苯胺 100-61-8		*N*-Methyl aniline	—	2	5
2	*N*-异丙基苯胺 768-52-5		*N*-Isopropylaniline	—	10	25
3	氨 7664-41-7	阿摩尼亚	Ammonia	—	20	30
4	苯 71-43-2		Benzene	—	6	10
5	苯胺 62-53-3		Aniline	—	3	7.5
6	丙烯酰胺 79-06-1		Acrylamide	—	0.3	0.9
7	丙烯腈 107-13-1		Acrylonitrile	—	1	2
8	对硝基苯胺 100-01-6		*p*-Nitroaniline	—	3	7.5
9	对硝基氯苯/二硝基氯苯 100-00-5/25567-67-3		*p*-Nitrochlorobenzene/Dinitrochlorobenzene	—	0.6	1.8
10	二苯胺 122-39-4		Diphenylamine	—	10	25
11	二甲基苯胺 121-69-7		Dimethylanilne	—	5	10
12	二硫化碳 75-15-0		Carbon disulfide	—	5	10
13	二氯代乙炔 7572-29-4		Dichloroacetylene	0.4	—	—
14	二硝基苯(全部异构体) 582-29-0/99-65-0/100-25-4		Dinitrobenzene(all isomers)	—	1	2.5
15	二硝基(甲)苯 25321-14-6		Dinitrotoluene	—	0.2	0.6
16	二氧化(一)氮 10102-44-0		Nitrogen dioxide	—	5	10

续表

序号	毒物名称 CAS No.	别名	英文名称	MAC /(mg/m³)	PC-TWA /(mg/m³)	PC-STEL /(mg/m³)
17	甲苯-2,4-二异氰酸酯(TDI) 584-84-9		Toluene-2,4-diisocyanate (TDI)	—	0.1	0.2
18	氟化氢 7664-39-3	氢氟酸	Hydrogen fluoride	2	—	—
19	氟及其化合物(不含氟化氢)		Fluorides(except HF), as F	—	2	5
20	镉及其化合物 7440-43-9		Cadmium and compounds	—	0.01	0.02
21	铬及其化合物 305-03-3		Chromic and compounds	0.05	0.15	—
22	汞 7439-97-6	水银	Mercury	—	0.02	0.04
23	碳酰氯 75-44-5	光气	Phosgene	0.05	—	—
24	黄磷 7723-14-0		Yellow phosphorus	—	0.05	0.1
25	甲(基)肼 60-34-4		Methyl hydrazine	0.08	—	—
26	甲醛 50-00-0	福尔马林	Formaldehyde	0.5	—	—
27	焦炉逸散物		Coke oven emissions	—	0.1	0.3
28	肼;联氨 302-01-2		Hydrazine	—	0.06	0.13
29	可溶性镍化物 7440-02-0		Nickel soluble compounds	—	0.5	1.5
30	磷化氢;膦 7803-51-2		Phosphine	0.3	—	—
31	硫化氢 7783-06-4		Hydrogen sulfide	10	—	—
32	硫酸二甲酯 77-78-1		Dimethyl sulfate	—	0.5	1.5
33	氯化汞 7487-94-7	升汞	Mercuric chloride	—	0.025	0.025
34	氯化萘 90-13-1		Chlorinated naphthalene	—	0.5	1.5
35	氯甲基醚 107-30-2		Chloromethyl methyl ether	0.005	—	—
36	氯;氯气 7782-50-5		Chlorine	1	—	—
37	氯乙烯;乙烯基氯 75-01-4		Vinyl chloride		10	25

续表

序号	毒物名称 CAS No.	别名	英文名称	MAC /(mg/m³)	PC-TWA /(mg/m³)	PC-STEL /(mg/m³)
38	锰化合物(锰尘、锰烟) 7439-96-5		Manganese and compounds	—	0.15	0.45
39	镍与难溶性镍化物 7440-02-0		Nichel and insoluble compounds	—	1	2.5
40	铍及其化合物 7440-41-7		Beryllium and compounds	—	0.0005	0.001
41	偏二甲基肼 57-14-7		Unsymmetric dimethylhydrazine	—	0.5	1.5
42	铅:尘/烟 7439-92-1/7439-92-1		Lead dust	0.05	—	—
			Lead fume	0.03	—	—
43	氰化氢(按 CN 计) 460-19-5		Hydrogen cyanide, as CN	1	—	—
44	氰化物(按 CN 计) 143-33-9		Cyanides, as CN	1	—	—
45	三硝基甲苯 118-96-7	TNT	Trinitrotoluene	—	0.2	0.5
46	砷化(三)氢;胂 7784-42-1		Arsine	0.03	—	—
47	砷及其无机化合物 7440-38-2		Arenic and inorganic compounds	—	0.01	0.02
48	石棉总尘/纤维 1332-21-4		Asbestos		0.8 0.8f/mL	1.5 1.5mL
49	铊及其可溶化合物 7440-28-0		Thallium and soluble compounds	—	0.05	0.1
50	(四)羰基镍 13463-39-3		Nickel carbonyl	0.002	—	—
51	锑及其化合物 7440-36-0		Antimony and compounds	—	0.5	1.5
52	五氧化二钒烟尘 7440-62-6		Vanadium pentoside fume and dust	—	0.05	0.15
53	硝基苯 98-95-3		Nitrobenzene(skin)	—	2	5
54	一氧化碳(非高原) 630-08-0		Carbon monoxide not in high altitude area	—	20	30

备注：

CAS 为化学文摘社登记号。

MAC 为工作场所空气中有毒物质最高容许浓度。

PC-TWA 为工作场所空气中有毒物质时间加权平均容许浓度。

PC-STEL 为工作场所空气中有毒物质短时间接触容许浓度。

易制毒化学品的分类和品种目录

（国务院令　第445号，2005年8月26日）

序号	名称	CAS号	《危险化学品目录(2015版)》列入情况	备注	
第一类					
1	1-苯基-2-丙酮	103-79-7	未列入	445号令版	
2	3,4-亚甲基二氧苯基-2-丙酮	4676-39-5	未列入	445号令版	
3	胡椒醛	120-57-0	未列入	445号令版	
4	黄樟素	94-59-7	未列入	445号令版	
5	黄樟油	8006-80-2	未列入	445号令版	
6	异黄樟素	120-58-1	未列入	445号令版	
7	*N*-乙酰邻氨基苯酸	89-52-1	未列入	445号令版	
8	邻氨基苯甲酸	118-92-3	未列入	445号令版	
9	麦角酸*	82-58-6	未列入	445号令版	
10	麦角胺*	113-15-5	未列入	445号令版	
11	麦角新碱*	60-79-7	未列入	445号令版	
12	麻黄素、伪麻黄素、消旋麻黄素、去甲麻黄素、甲基麻黄素、麻黄浸膏、麻黄浸膏粉等麻黄素类物质*	299-42-3	未列入	445号令版	
13	羟亚胺①	90717-16-1	未列入	2008年8月1日列入	第一次增补1个第一类产品
14	邻氯苯基环戊酮②	6740-85-8	未列入	2012年9月15日列入	第二次增补1个第一类产品
15	1-苯基-2-溴-1-丙酮③	2114-00-3	未列入	2014年4月10日列入	第三次增补2个第一类产品
16	3-氧-2-苯基丁腈③	4468-48-8	未列入	2014年4月10日列入	
17	*N*-苯乙基-4-哌啶酮④	39742-60-4	未列入	2017年11月6日列入	第四次增补3个第一类产品、2个第二类产品
18	4-苯胺基-*N*-苯乙基哌啶④	21409-26-7	未列入	2017年11月6日列入	
19	*N*-甲基-1-苯基-1-氯-2-丙胺④	25394-33-6	未列入	2017年11月6日列入	

续表

序号	名称	CAS 号	《危险化学品目录(2015 版)》列入情况	备注	
第二类					
1	苯乙酸	103-82-2	未列入	445 号令版	
2	醋酸酐	108-24-7	列入	445 号令版	
3	三氯甲烷	67-66-3	列入	445 号令版	
4	乙醚	60-29-7	列入	445 号令版	
5	哌啶	110-89-4	列入	445 号令版	
6	溴素④	7726-95-6	列入	2017 年 11 月 6 日列入	第四次增补 3 个第一类产品、2 个第二类产品
7	1-苯基-1-丙酮④	93-55-0	未列入	2017 年 11 月 6 日列入	
8	α-苯乙酰乙酸甲酯⑤	16648-44-5	未列入	2021 年 5 月 28 日列入	
9	α-乙酰乙酰苯胺⑤	4433-77-6	未列入	2021 年 5 月 28 日列入	
10	3,4-亚甲基二氧苯基-2-丙酮缩水甘油酸⑤	2167189-50-4	未列入	2021 年 5 月 28 日列入	
11	3,4-亚甲基二氧苯基-2-丙酮缩水甘油酯⑤	13605-48-6	未列入	2021 年 5 月 28 日列入	
第三类					
1	甲苯	108-88-3	列入	445 号令版	
2	丙酮	67-64-1	列入	445 号令版	
3	甲基乙基酮	78-93-3	列入	445 号令版	
4	高锰酸钾	7722-64-7	列入	445 号令版	
5	硫酸	7664-93-9	列入	445 号令版	
6	盐酸	7647-01-0	列入	445 号令版	
7	苯乙腈⑤	140-29-4	列入	2021 年 5 月 28 日列入	
8	γ-丁内酯⑤	96-48-0	未列入	2021 年 5 月 28 日列入	

① 根据 2008 年 7 月 8 日公安部、商务部、卫生部、海关总署、安全监管总局、食品药品监管局《关于将羟亚胺列入〈易制毒化学品管理条例〉的公告》，列入品种目录的第一类易制毒化学品。

② 根据 2012 年 8 月 29 日公安部、商务部、卫生部、海关总署、安全监管总局《关于管制邻氯苯基环戊酮的公告》将邻氯苯基环戊酮列入《易制毒化学品管理条例》附表品种目录的第一类易制毒化学品。

③ 根据 2014 年 3 月 31 日国务院办公厅《关于同意将 1-苯基-2-溴-1-丙酮和 3-氧-2-苯基丁腈列入易制毒化学品品种目录的函》（国办函〔2014〕40 号），将 1-苯基-2-溴-1-丙酮和 3-氧-2-苯基丁腈增列入《易制毒化学品管理条例》附表《易制毒化学品的分类和品种目录》中第一类易制毒化学品。

④ 根据 2017 年 11 月 6 日国务院办公厅《关于同意将 N-苯乙基-4-派啶酮、4-苯胺基-N-苯乙基哌啶、N-甲基-1-苯基-1-氯-2-丙胺、溴素、1-苯基-1-丙酮列入易制毒化学品品种目录的函》（国办函〔2017〕120 号），在《易制毒化学品管理条例》附表《易制毒化学品的分类和品种目录》中增列 N-苯乙基-4-哌啶酮、4-苯胺基-N-苯乙基哌啶、N-甲基-1-苯基-1-氯-2-丙胺为第一类易制毒化学品，增列溴素、1-苯基-1-丙酮为第二类易制毒化学品。

⑤ 根据 2021 年 5 月 28 日国务院办公厅《关于同意将 α-苯乙酰乙酸甲酯等 6 种物质列入易制毒化学品品种目录的函》（国办函〔2021〕58 号），增列 α-苯乙酰乙酸甲酯、α-乙酰乙酰苯胺、3,4-亚甲基二氧苯基-2-丙酮缩水甘油酸和 3,4-亚甲基二氧苯基-2-丙酮缩水甘油酯为第二类易制毒化学品，增列苯乙腈、γ-丁内酯为第三类易制毒化学品。

说明：

一、第一类、第二类所列物质可能存在的盐类，也纳入管制。

二、带有“*”标记的品种为第一类中的药品类易制毒化学品，第一类中的药品类易制毒化学品包括原料药及其单方制剂。

附：联合国公约管制的22种易制毒化学品一览表

序号	商品编码	商品名称(中文)	商品名称(英文)
第一类			
1	29394100.10	麻黄素(麻黄碱)	Ephedrine
2	29394200.10	伪麻黄素(伪麻黄碱)	Pseudoephedrine
3	29329300	胡椒醛(洋茉莉醛、3,4-亚甲二氧基苯甲醛、天芥菜精)	Piperonal
4	29329400	黄樟脑(4-烯丙基-1,2-亚甲二氧基苯)	Safrole
5	29329100	异黄樟脑(4-丙烯基-1,2-亚甲二氧基苯)	Isosafrole
6	29396100.10	麦角新碱	Ergometrine
7	29396200.10	麦角胺	Ergotamine
8	29396300.10	麦角酸	Lysergic acid
9	29143100	1-苯基-2-丙酮(苯丙酮)	1-Pheny-2-propanone
10	29249900.20	*N*-乙酰邻氨基苯酸	*N*-acetylantranilic aicd
11	29329200	3,4-亚甲基二氧苯基-2-丙酮	3,4-Methylenedioxy phenl-2-propanone
12	28416100	高锰酸钾	Potassium pernanganate
13	29152400	乙酸酐(醋酸酐)	Acetic anhydride
第二类			
14	28061000	盐酸(氯化氢)	Hydrochloric acid
15	28070000.10	硫酸	Sulphuric acid
16	29023000	甲苯	Toluene
17	29091100	乙醚	Ethyl ether
18	29141100	丙酮	Acetic
19	29141200	丁酮[甲基乙基(甲)酮]	Methl ethyl ketone
20	29163400.10	苯乙酸	Phehylacetic acid
21	29224310	邻氨基苯甲酸(氨茴酸)	Anthranilic acid
22	29333210	哌啶(六氧哌啶)	Piperidine

易制爆危险化学品名录（2017年版）

（公安部，2017年5月11日）

序号	品名	别名	CAS号	主要的燃爆危险性分类	2011
1　酸类					
1.1	硝酸		7697-37-2	氧化性液体，类别3	有
1.2	发烟硝酸		52583-42-3	氧化性液体，类别1	
1.3	高氯酸[浓度>72%]	过氯酸	7601-90-3	氧化性液体，类别1	
	高氯酸[浓度50%～72%]			氧化性液体，类别1	有
	高氯酸[浓度≤50%]			氧化性液体，类别2	
2　硝酸盐类					
2.1	硝酸钠		7631-99-4	氧化性固体，类别3	都有
2.2	硝酸钾		7757-79-1	氧化性固体，类别3	
2.3	硝酸铯		7789-18-6	氧化性固体，类别3	
2.4	硝酸镁		10377-60-3	氧化性固体，类别3	
2.5	硝酸钙		10124-37-5	氧化性固体，类别3	
2.6	硝酸锶		10042-76-9	氧化性固体，类别3	
2.7	硝酸钡		10022-31-8	氧化性固体，类别2	
2.8	硝酸镍	二硝酸镍	13138-45-9	氧化性固体，类别2	
2.9	硝酸银		7761-88-8	氧化性固体，类别2	
2.10	硝酸锌		7779-88-6	氧化性固体，类别2	
2.11	硝酸铅		10099-74-8	氧化性固体，类别2	
3　氯酸盐类					
3.1	氯酸钠		7775-09-9	氧化性固体，类别1	有
	氯酸钠溶液			氧化性液体，类别3*	
3.2	氯酸钾		3811-04-9	氧化性固体，类别1	有
	氯酸钾溶液			氧化性液体，类别3*	
3.3	氯酸铵		10192-29-7	爆炸物，不稳定爆炸物	无
4　高氯酸盐类					
4.1	高氯酸锂	过氯酸锂	7791-03-9	氧化性固体，类别2	都有
4.2	高氯酸钠	过氯酸钠	7601-89-0	氧化性固体，类别1	
4.3	高氯酸钾	过氯酸钾	7778-74-7	氧化性固体，类别1	
4.4	高氯酸铵	过氯酸铵	7790-98-9	爆炸物，1.1项 氧化性固体，类别1	

续表

序号	品名	别名	CAS号	主要的燃爆危险性分类	2011
5	**重铬酸盐类**				
5.1	重铬酸锂		13843-81-7	氧化性固体,类别2	新增
5.2	重铬酸钠	红矾钠	10588-01-9	氧化性固体,类别2	
5.3	重铬酸钾	红矾钾	7778-50-9	氧化性固体,类别2	
5.4	重铬酸铵	红矾铵	7789-09-5	氧化性固体,类别2*	
6	**过氧化物和超氧化物类**				
6.1	过氧化氢溶液(含量>8%)	双氧水	7722-84-1	(1)含量≥60%氧化性液体,类别1 (2)20%≤含量<60%氧化性液体,类别2 (3)8%<含量<20%氧化性液体,类别3	含量要求改变,原>27.5%
6.2	过氧化锂	二氧化锂	12031-80-0	氧化性固体,类别2	都有
6.3	过氧化钠	双氧化钠;二氧化钠	1313-60-6	氧化性固体,类别1	
6.4	过氧化钾	二氧化钾	17014-71-0	氧化性固体,类别1	
6.5	过氧化镁	二氧化镁	1335-26-8	氧化性液体,类别2	
6.6	过氧化钙	二氧化钙	1305-79-9	氧化性固体,类别2	
6.7	过氧化锶	二氧化锶	1314-18-7	氧化性固体,类别2	
6.8	过氧化钡	二氧化钡	1304-29-6	氧化性固体,类别2	
6.9	过氧化锌	二氧化锌	1314-22-3	氧化性固体,类别2	
6.10	过氧化脲	过氧化氢尿素;过氧化氢脲	124-43-6	氧化性固体,类别3	
6.11	过乙酸[含量≤16%,含水≥39%,含乙酸≥15%,含过氧化氢≤24%,含有稳定剂]	过醋酸;过氧乙酸;乙酰过氧化氢	79-21-0	有机过氧化物,F型	原无限制条件
	过乙酸[含量≤43%,含水≥5%,含乙酸≥35%,含过氧化氢≤6%,含有稳定剂]			易燃液体,类别3 有机过氧化物,D型	
6.12	过氧化二异丙苯[52%<含量≤100%]	二枯基过氧化物;硫化剂DCP	80-43-3	有机过氧化物,F型	原无限制条件
6.13	过氧化氢苯甲酰	过苯甲酸	93-59-4	有机过氧化物,C型	新增
6.14	超氧化钠		12034-12-7	氧化性固体,类别1	
6.15	超氧化钾		12030-88-5	氧化性固体,类别1	
7	**易燃物还原剂类**				
7.1	锂	金属锂	7439-93-2	遇水放出易燃气体的物质和混合物,类别1	都有

续表

<table>
<tr><th>序号</th><th>品名</th><th>别名</th><th>CAS号</th><th>主要的燃爆危险性分类</th><th>2011</th></tr>
<tr><td>7.2</td><td>钠</td><td>金属钠</td><td>7440-23-5</td><td>遇水放出易燃气体的物质和混合物，类别1</td><td></td></tr>
<tr><td>7.3</td><td>钾</td><td>金属钾</td><td>7440-09-7</td><td>遇水放出易燃气体的物质和混合物，类别1</td><td></td></tr>
<tr><td>7.4</td><td>镁</td><td></td><td>7439-95-4</td><td>(1)粉末：自热物质和混合物，类别1
遇水放出易燃气体的物质和混合物，类别2
(2)丸状、旋屑或带状：易燃固体，类别2</td><td></td></tr>
<tr><td>7.5</td><td>镁铝粉</td><td>镁铝合金粉</td><td></td><td>遇水放出易燃气体的物质和混合物，类别2；自热物质和混合物，类别1</td><td></td></tr>
<tr><td>7.6</td><td>铝粉</td><td></td><td>7429-90-5</td><td>(1)有涂层：易燃固体，类别1
(2)无涂层：遇水放出易燃气体的物质和混合物，类别2</td><td></td></tr>
<tr><td rowspan="2">7.7</td><td>硅铝</td><td rowspan="2"></td><td rowspan="2">57485-31-1</td><td rowspan="2">遇水放出易燃气体的物质和混合物，类别3</td><td></td></tr>
<tr><td>硅铝粉</td><td></td></tr>
<tr><td>7.8</td><td>硫磺</td><td>硫</td><td>7704-34-9</td><td>易燃固体，类别2</td><td></td></tr>
<tr><td rowspan="3">7.9</td><td>锌尘</td><td></td><td rowspan="3">7440-66-6</td><td>自热物质和混合物，类别1；遇水放出易燃气体的物质和混合物，类别1</td><td></td></tr>
<tr><td>锌粉</td><td></td><td>自热物质和混合物，类别1；遇水放出易燃气体的物质和混合物，类别1</td><td></td></tr>
<tr><td>锌灰</td><td></td><td>遇水放出易燃气体的物质和混合物，类别3</td><td></td></tr>
<tr><td rowspan="2">7.10</td><td>金属锆</td><td></td><td rowspan="2">7440-67-7</td><td>易燃固体，类别2</td><td></td></tr>
<tr><td>金属锆粉</td><td>锆粉</td><td>自燃固体，类别1；遇水放出易燃气体的物质和混合物，类别1</td><td></td></tr>
<tr><td>7.11</td><td>六亚甲基四胺</td><td>六甲撑四胺；乌洛托品</td><td>100-97-0</td><td>易燃固体，类别2</td><td></td></tr>
<tr><td>7.12</td><td>1,2-乙二胺</td><td>1,2-二氨基乙烷；乙撑二胺</td><td>107-15-3</td><td>易燃液体，类别3</td><td></td></tr>
<tr><td rowspan="2">7.13</td><td>一甲胺[无水]</td><td>氨基甲烷；甲胺</td><td rowspan="2">74-89-5</td><td>易燃气体，类别1</td><td></td></tr>
<tr><td>一甲胺溶液</td><td>氨基甲烷溶液；甲胺溶液</td><td>易燃液体，类别1</td><td></td></tr>
<tr><td>7.14</td><td>硼氢化锂</td><td>氢硼化锂</td><td>16949-15-8</td><td>遇水放出易燃气体的物质和混合物，类别1</td><td></td></tr>
<tr><td>7.15</td><td>硼氢化钠</td><td>氢硼化钠</td><td>16940-66-2</td><td>遇水放出易燃气体的物质和混合物，类别1</td><td></td></tr>
<tr><td>7.16</td><td>硼氢化钾</td><td>氢硼化钾</td><td>13762-51-1</td><td>遇水放出易燃气体的物质和混合物，类别1</td><td></td></tr>
</table>

续表

序号	品名	别名	CAS号	主要的燃爆危险性分类	2011
8　硝基化合物类					
8.1	硝基甲烷		75-52-5	易燃液体，类别3	
8.2	硝基乙烷		79-24-3	易燃液体，类别3	
8.3	2,4-二硝基甲苯		121-14-2		
8.4	2,6-二硝基甲苯		606-20-2		
8.5	1,5-二硝基萘		605-71-0	易燃固体，类别1	新增
8.6	1,8-二硝基萘		602-38-0	易燃固体，类别1	新增
8.7	二硝基苯酚[干的或含水＜15%]		25550-58-7	爆炸物，1.1项	
	二硝基苯酚溶液				
8.8	2,4-二硝基苯酚[含水≥15%]	1-羟基-2,4-二硝基苯	51-28-5	易燃固体，类别1	
8.9	2,5-二硝基苯酚[含水≥15%]		329-71-5	易燃固体，类别1	
8.10	2,6-二硝基苯酚[含水≥15%]		573-56-8	易燃固体，类别1	
8.11	2,4-二硝基苯酚钠		1011-73-0	爆炸物，1.3项	二硝基苯酚碱金属盐
9　其他					
9.1	硝化纤维素[干的或含水(或乙醇)＜25%]	硝化棉	9004-70-0	爆炸物，1.1项	
	硝化纤维素[含氮≤12.6%，含乙醇≥25%]			易燃固体，类别1	
	硝化纤维素[含氮≤12.6%]			易燃固体，类别1	
	硝化纤维素[含水≥25%]			易燃固体，类别1	
	硝化纤维素[含乙醇≥25%]			爆炸物，1.3项	
	硝化纤维素[未改型的，或增塑的，含增塑剂＜18%]			爆炸物，1.1项	
	硝化纤维素溶液[含氮量≤12.6%，含硝化纤维素≤55%]	硝化棉溶液		易燃液体，类别2	
9.2	4,6-二硝基-2-氨基苯酚钠	苦氨酸钠	831-52-7	爆炸物，1.3项	
9.3	高锰酸钾	过锰酸钾；灰锰氧	7722-64-7	氧化性固体，类别2	
9.4	高锰酸钠	过锰酸钠	10101-50-5	氧化性固体，类别2	
9.5	硝酸胍	硝酸亚氨脲	506-93-4	氧化性固体，类别3	新增

续表

序号	品名	别名	CAS号	主要的燃爆危险性分类	2011
9.6	水合肼	水合联氨	10217-52-4		新增
9.7	2,2-双(羟甲基)-1,3-丙二醇	季戊四醇、四羟甲基甲烷	115-77-5		新增

注：1. 各栏目的含义：

“序号”：《易制爆危险化学品名录》（2017年版）中化学品的顺序号。

“品名”：根据《化学命名原则》（1980）确定的名称。

“别名”：除“品名”以外的其他名称，包括通用名、俗名等。

“CAS号”：Chemical Abstract Service的缩写，是美国化学文摘社对化学品的唯一登记号，是检索化学物质有关信息资料最常用的编号。

“主要的燃爆危险性分类”：根据《化学品分类和标签规范》系列标准（GB 30000.2—2013～GB 30000.29—2013）等国家标准，对某种化学品燃烧爆炸危险性进行的分类。

2. 除列明的条目外，无机盐类同时包括无水和含有结晶水的化合物。

3. 混合物之外无含量说明的条目，是指该条目的工业产品或者纯度高于工业产品的化学品。

4. 标记“*”的类别，是指在有充分依据的条件下，该化学品可以采用更严格的类别。

《禁止进口货物目录》（第六批）和《禁止出口货物目录》（第三批）

（商务部、海关总署、国家环境保护总局，
公告2005年第116号，2005年12月31日）

禁止进口货物目录（第六批）

序号	商品编码	商品名称	备注
1	25240010.10	长纤维青石棉	包括青石棉（蓝石棉）、阳起石石棉、铁石棉、透闪石石棉、直闪石石棉
2	25240090.10	其他青石棉	
3	29033090.20	1,2-二溴乙烷	
4	29034990.10	二溴氯丙烷	1,2-二溴-3-氯丙烷
5	29035900.10	艾氏剂、七氯、毒杀芬	
6	29036990.10	多氯联苯	
7	29036990.10	多溴联苯	
8	29089090.10	地乐酚及其盐和酯；二硝酚	
9	29109000.10	狄氏剂、异狄氏剂	
10	29159000.20	氟乙酸钠	
11	29189000.10	2,4,5-涕及其盐和酯	2,4,5-三氯苯氧乙酸
12	29190000.10	三（2,3-二溴丙基）磷酸酯	
13	29215900.20	联苯胺（4,4′-二氨基联苯）	
14	29241990.20	氟乙酰胺（敌蚜胺）	
15	29252000.20	杀虫脒	
16	29329990.60	二噁英	多氯二苯并对二噁英
17	29329990.60	呋喃	多氯二苯并呋喃

禁止出口货物目录（第三批）

序号	商品编码	商品名称	备注
1	25240010.10	长纤维青石棉	包括青石棉（蓝石棉）、阳起石石棉、铁石棉、透闪石石棉、直闪石石棉
2	25240090.10	其他青石棉	
3	29033090.20	1,2-二溴乙烷	
4	29034990.10	二溴氯丙烷	1,2-二溴-3-氯丙烷
5	29035900.10	艾氏剂、七氯、毒杀芬	
6	29036990.10	多氯联苯	
7	29036990.10	多溴联苯	
8	29089090.10	地乐酚及其盐和酯；二硝酚	
9	29109000.10	狄氏剂、异狄氏剂	
10	29159000.20	氟乙酸钠	

续表

序号	商品编码	商品名称	备注
11	29189000.10	2,4,5-涕及其盐和酯	2,4,5-三氯苯氧乙酸
12	29190000.10	三(2,3-二溴丙基)磷酸酯	
13	29215900.20	联苯胺(4,4′-二氨基联苯)	
14	29241990.20	氟乙酰胺(敌蚜胺)	
15	29252000.20	杀虫脒	
16	29329990.60	二噁英	多氯二苯并对二噁英
17	29329990.60	呋喃	多氯二苯并呋喃

《中国严格限制的有毒化学品名录》（2020 年）

（生态环境部、商务部、海关总署，公告 2019 年第 60 号，2019 年 12 月 30 日）

名录中，《关于持久性有机污染物的斯德哥尔摩公约》（简称为《斯德哥尔摩公约》），《关于汞的水俣公约》（简称为《汞公约》），《关于在国际贸易中对某些危险化学品和农药采用事先知情同意程序的鹿特丹公约》（简称为《鹿特丹公约》）。

序号	化学品名称		CAS 编码	海关编码	管控类别	允许用途
1	全氟辛基磺酸及其盐类和全氟辛基磺酰氟（PFOS/F）	全氟辛基磺酸	1763-23-1	2904310000	《斯德哥尔摩公约》《鹿特丹公约》及相关修正案管控物质	照片成像、半导体器件的光阻剂和防反射涂层、化合物半导体和陶瓷滤芯的刻蚀剂、航空液压油、只用于闭环系统的金属电镀（硬金属电镀）、某些医疗设备[比如乙烯四氟乙烯共聚物（ETFE）层和无线电屏蔽 ETFE 的生产、体外诊断医疗设备和 CCD 滤色仪]、灭火泡沫的生产和使用
		全氟辛基磺酸铵	29081-56-9	2904320000		
		全氟辛基磺酰氟	307-35-7	2904360000		
		全氟辛基磺酸钾	2795-39-3	2904340000		
		全氟辛基磺酸锂	29457-72-5	2904330000		
		全氟辛基磺酸二乙醇铵	70225-14-8	2922160000		
		全氟辛基磺酸二癸二甲基铵	251099-16-8	2923400000		
		全氟辛基磺酸四乙基胺（铵）	56773-42-3	2923300000		
		N-乙基全氟辛基磺酰胺	4151-50-2	2935200000		
		N-甲基全氟辛基磺酰胺	31506-32-8	2935100000		
		N-乙基-*N*-（2-羟乙基）全氟辛基磺酰胺	1691-99-2	2935300000		
		N-（2-羟乙基）-*N*-甲基全氟辛基磺酰胺	24448-09-7	2935400000		
		其他全氟辛基磺酸盐	—	2904350000		
2	六溴环十二烷		25637-99-4 3194-55-6 134237-50-6 134237-51-7 134237-52-8	2903890020	《斯德哥尔摩公约》《鹿特丹公约》及相关修正案管控物质	在特定豁免登记的有效期内（2021 年 12 月 25 日前）用于建筑物中发泡聚苯乙烯和挤塑聚苯乙烯（主要作为阻燃剂）的生产和使用
3	汞（包括汞含量按重量计至少占 95% 的汞与其他物质的混合物，其中包括汞的合金）		7439-97-6	汞 2805400000 贵金属汞齐 2843900091 铅汞齐 2853909023 其他汞齐 2853909024 其他按具体产品的成分用途归类	《汞公约》管控物质	《〈关于汞的水俣公约〉生效公告》（环境保护部公告 2017 年第 38 号）限定时间内的允许用途

续表

序号	化学品名称	CAS 编码	海关编码	管控类别	允许用途
4	四甲基铅	75-74-1	2931100000	《鹿特丹公约》及相关修正案管控物质	工业用途(仅限于航空汽油等车用汽油之外的防爆剂用途)
5	四乙基铅	78-00-2	2931100000	《鹿特丹公约》及相关修正案管控物质	工业用途(仅限于航空汽油等车用汽油之外的防爆剂用途)
6	多氯三联苯(PCT)	61788-33-8	2903999030	《鹿特丹公约》及相关修正案管控物质	工业用途(应办理新化学物质环境管理登记)
7	三丁基锡化合物 (包括:三丁基锡氧化物、三丁基锡氟化物、三丁基锡甲基丙烯酸、三丁基锡苯甲酸、三丁基锡氯化物、三丁基锡亚油酸、三丁基锡环烷酸)	56-35-9 1983-10-4 2155-70-6 4342-36-3 1461-22-9 24124-25-2 85409-17-2	2931200000	《鹿特丹公约》及相关修正案管控物质	工业用途(涂料用途除外)
8	短链氯化石蜡 (链长 C10 至 C13 的直链氯化碳氢化合物，包括在混合物中的浓度按重量计大于或等于 1%,且氯含量按重量计超过 48%)	85535-84-8	不具有人造蜡特性 3824999991 具有人造蜡特性 3404900010	《鹿特丹公约》及相关修正案管控物质	工业用途

注：1.“严格限制的化学品”是指因损害健康和环境而被禁止使用，但经授权在一些特殊情况下仍可使用的化学品。

2.“有毒化学品”是指进入环境后通过环境蓄积、生物累积、生物转化或化学反应等方式损害健康和环境，或者通过接触对人体具有严重危害和具有潜在环境危害的化学品。

优先控制化学品名录（第一批）

（环境保护部、工业和信息化部、卫生计生委，
公告 2017 年第 83 号，2017 年 12 月 27 日）

编号	化学品名称	CAS 号
PC001	1,2,4-三氯苯	120-82-1
PC002	1,3-丁二烯	106-99-0
PC003	5-叔丁基-2,4,6-三硝基间二甲苯(二甲苯麝香)	81-15-2
PC004	*N*,*N*′-二甲苯基-对苯二胺	27417-40-9
PC005	短链氯化石蜡	85535-84-8 68920-70-7 71011-12-6 85536-22-7 85681-73-8 108171-26-2
PC006	二氯甲烷	75-09-2
PC007	镉及镉化合物	7440-43-9(镉)
PC008	汞及汞化合物	7439-97-6(汞)
PC009	甲醛	50-00-0
PC010	六价铬化合物	
PC011	六氯代-1,3-环戊二烯	77-47-4
PC012	六溴环十二烷	25637-99-4 3194-55-6 134237-50-6 134237-51-7 134237-52-8
PC013	萘	91-20-3
PC014	铅化合物	
PC015	全氟辛基磺酸及其盐类和全氟辛基磺酰氟	1763-23-1 307-35-7 2795-39-3 29457-72-5 29081-56-9 70225-14-8 56773-42-3 251099-16-8
PC016	壬基酚及壬基酚聚氧乙烯醚	25154-52-3 84852-15-3 9016-45-9

续表

编号	化学品名称	CAS 号
PC017	三氯甲烷	67-66-3
PC018	三氯乙烯	79-01-6
PC019	砷及砷化合物	7440-38-2(砷)
PC020	十溴二苯醚	1163-19-5
PC021	四氯乙烯	127-18-4
PC022	乙醛	75-07-0

优先控制化学品名录（第二批）

（生态环境部、工业和信息化部、卫生健康委，
公告 2020 年第 47 号，2020 年 10 月 30 日）

编号	化学品名称	CAS 号
PC023	1,1-二氯乙烯	75-35-4
PC024	1,2-二氯丙烷	78-87-5
PC025	2,4-二硝基甲苯	121-14-2
PC026	2,4,6-三叔丁基苯酚	732-26-3
PC027	苯	71-43-2
PC028	多环芳烃类物质,包括：	
	苯并[*a*]蒽	56-55-3
	苯并[*a*]菲	218-01-9
	苯并[*a*]芘	50-32-8
	苯并[*b*]荧蒽	205-99-2
	苯并[*k*]荧蒽	207-08-9
	蒽	120-12-7
	二苯并[*a*,*h*]蒽	53-70-3
PC029	多氯二苯并对二噁英和多氯二苯并呋喃	—
PC030	甲苯	108-88-3
PC031	邻甲苯胺	95-53-4
PC032	磷酸三(2-氯乙基)酯	115-96-8
PC033	六氯丁二烯	87-68-3
PC034	氯苯类物质,包括：	
	五氯苯	608-93-5
	六氯苯	118-74-1
PC035	全氟辛酸(PFOA)及其盐类和相关化合物	335-67-1（全氟辛酸）
PC036	氰化物①	—
PC037	铊及铊化合物	7440-28-0(铊)
PC038	五氯苯酚及其盐类和酯类	87-86-5 131-52-2 27735-64-4 3772-94-9 1825-21-4
PC039	五氯苯硫酚	133-49-3
PC040	异丙基苯酚磷酸酯	68937-41-7

① 指氢氰酸、全部简单氰化物（多为碱金属和碱土金属的氰化物）和锌氰络合物，不包括铁氰络合物、亚铁氰络合物、铜氰络合物、镍氰络合物、钴氰络合物。

有毒有害大气污染物名录（2018 年）

（生态环境部、国家卫生健康委员会，公告 2019 年第 4 号，2019 年 1 月 23 日）

序号	污染物
1	二氯甲烷
2	甲醛
3	三氯甲烷
4	三氯乙烯
5	四氯乙烯
6	乙醛
7	镉及其化合物
8	铬及其化合物
9	汞及其化合物
10	铅及其化合物
11	砷及其化合物

有毒有害水污染物名录（第一批）

（生态环境部、卫生健康委，公告2019年第28号，2019年7月23日）

序号	污染物名称	CAS号
1	二氯甲烷	75-09-2
2	三氯甲烷	67-66-3
3	三氯乙烯	79-01-6
4	四氯乙烯	127-18-4
5	甲醛	50-00-0
6	镉及镉化合物	—
7	汞及汞化合物	—
8	六价铬化合物	—
9	铅及铅化合物	—
10	砷及砷化合物	—

注：CAS号（CAS Registry Number），即美国化学文摘社（Chemical Abstracts Service，缩写为CAS）登记号，是美国化学文摘社为每一种出现在文献中的化学物质分配的唯一编号。

职业病危害因素分类目录

（国家卫生计生委、人力资源社会保障部、安全监管总局、全国总工会，国卫疾控发〔2015〕92号，2015年11月17日）

一、粉尘

序号	名称	CAS号
1	矽尘（游离 SiO_2 含量≥10%）	14808-60-7
2	煤尘	
3	石墨粉尘	7782-42-5
4	炭黑粉尘	1333-86-4
5	石棉粉尘	1332-21-4
6	滑石粉尘	14807-96-6
7	水泥粉尘	
8	云母粉尘	12001-26-2
9	陶土粉尘	
10	铝尘	7429-90-5
11	电焊烟尘	
12	铸造粉尘	
13	白炭黑粉尘	112926-00-8
14	白云石粉尘	
15	玻璃钢粉尘	
16	玻璃棉粉尘	65997-17-3
17	茶尘	
18	大理石粉尘	1317-65-3
19	二氧化钛粉尘	13463-67-7
20	沸石粉尘	
21	谷物粉尘（游离 SiO_2 含量＜10%）	
22	硅灰石粉尘	13983-17-0
23	硅藻土粉尘（游离 SiO_2 含量＜10%）	61790-53-2
24	活性炭粉尘	64365-11-3
25	聚丙烯粉尘	9003-07-0
26	聚丙烯腈纤维粉尘	
27	聚氯乙烯粉尘	9002-86-2
28	聚乙烯粉尘	9002-88-4

续表

序号	名称	CAS 号
29	矿渣棉粉尘	
30	麻尘(亚麻、黄麻和苎麻)(游离 SiO_2 含量<10%)	
31	棉尘	
32	木粉尘	
33	膨润土粉尘	1302-78-9
34	皮毛粉尘	
35	桑蚕丝尘	
36	砂轮磨尘	
37	石膏粉尘(硫酸钙)	10101-41-4
38	石灰石粉尘	1317-65-3
39	碳化硅粉尘	409-21-2
40	碳纤维粉尘	
41	稀土粉尘(游离 SiO_2 含量<10%)	
42	烟草尘	
43	岩棉粉尘	
44	萤石混合性粉尘	
45	珍珠岩粉尘	93763-70-3
46	蛭石粉尘	
47	重晶石粉尘(硫酸钡)	7727-43-7
48	锡及其化合物粉尘	7440-31-5(锡)
49	铁及其化合物粉尘	7439-89-6(铁)
50	锑及其化合物粉尘	7440-36-0(锑)
51	硬质合金粉尘	
52	以上未提及的可导致职业病的其他粉尘	

二、化学因素

序号	名称	CAS 号
1	铅及其化合物(不包括四乙基铅)	7439-92-1(铅)
2	汞及其化合物	7439-97-6(汞)
3	锰及其化合物	7439-96-5(锰)
4	镉及其化合物	7440-43-9(镉)
5	铍及其化合物	7440-41-7(铍)
6	铊及其化合物	7440-28-0(铊)
7	钡及其化合物	7440-39-3(钡)
8	钒及其化合物	7440-62-6(钒)
9	磷及其化合物(磷化氢、磷化锌、磷化铝,有机磷单列)	7723-14-0(磷)
10	砷及其化合物(砷化氢单列)	7440-38-2(砷)

续表

序号	名称	CAS 号
11	铀及其化合物	7440-61-1(铀)
12	砷化氢	7784-42-1
13	氯气	7782-50-5
14	二氧化硫	7446-9-5
15	光气(碳酰氯)	75-44-5
16	氨	7664-41-7
17	偏二甲基肼(1,1-二甲基肼)	57-14-7
18	氮氧化合物	
19	一氧化碳	630-08-0
20	二硫化碳	75-15-0
21	硫化氢	7783-6-4
22	磷化氢、磷化锌、磷化铝	7803-51-2、1314-84-7、20859-73-8
23	氟及其无机化合物	7782-41-4(氟)
24	氰及其腈类化合物	460-19-5(氰)
25	四乙基铅	78-00-2
26	有机锡	
27	羰基镍	13463-39-3
28	苯	71-43-2
29	甲苯	108-88-3
30	二甲苯	1330-20-7
31	正己烷	110-54-3
32	汽油	
33	一甲胺	74-89-5
34	有机氟聚合物单体及其热裂解物	
35	二氯乙烷	1300-21-6
36	四氯化碳	56-23-5
37	氯乙烯	1975-1-4
38	三氯乙烯	1979-1-6
39	氯丙烯	107-05-1
40	氯丁二烯	126-99-8
41	苯的氨基及硝基化合物(不含三硝基甲苯)	
42	三硝基甲苯	118-96-7
43	甲醇	67-56-1
44	酚	108-95-2
45	五氯酚及其钠盐	87-86-5(五氯酚)
46	甲醛	50-00-0
47	硫酸二甲酯	77-78-1

续表

序号	名称	CAS号
48	丙烯酰胺	1979-6-1
49	二甲基甲酰胺	1968-12-2
50	有机磷	
51	氨基甲酸酯类	
52	杀虫脒	19750-95-9
53	溴甲烷	74-83-9
54	拟除虫菊酯	
55	铟及其化合物	7440-74-6(铟)
56	溴丙烷(1-溴丙烷;2-溴丙烷)	106-94-5;75-26-3
57	碘甲烷	74-88-4
58	氯乙酸	1979-11-8
59	环氧乙烷	75-21-8
60	氨基磺酸铵	7773-06-0
61	氯化铵烟	12125-02-9(氯化铵)
62	氯磺酸	7790-94-5
63	氢氧化铵	1336-21-6
64	碳酸铵	506-87-6
65	α-氯乙酰苯	532-27-4
66	对特丁基甲苯	98-51-1
67	二乙烯基苯	1321-74-0
68	过氧化苯甲酰	94-36-0
69	乙苯	100-41-4
70	碲化铋	1304-82-1
71	铂化物	
72	1,3-丁二烯	106-99-0
73	苯乙烯	100-42-5
74	丁烯	25167-67-3
75	二聚环戊二烯	77-73-6
76	邻氯苯乙烯(氯乙烯苯)	2039-87-4
77	乙炔	74-86-2
78	1,1-二甲基-4,4′-联吡啶鎓盐二氯化物(百草枯)	1910-42-5
79	2-N-二丁氨基乙醇	102-81-8
80	2-二乙氨基乙醇	100-37-8
81	乙醇胺(氨基乙醇)	141-43-5
82	异丙醇胺(1-氨基-2-二丙醇)	78-96-6
83	1,3-二氯-2-丙醇	96-23-1
84	苯乙醇	60-12-18

续表

序号	名称	CAS号
85	丙醇	71-23-8
86	丙烯醇	107-18-6
87	丁醇	71-36-3
88	环己醇	108-93-0
89	己二醇	107-41-5
90	糠醇	98-00-0
91	氯乙醇	107-07-3
92	乙二醇	107-21-1
93	异丙醇	67-63-0
94	正戊醇	71-41-0
95	重氮甲烷	334-88-3
96	多氯萘	70776-03-3
97	蒽	120-12-7
98	六氯萘	1335-87-1
99	氯萘	90-13-1
100	萘	91-20-3
101	萘烷	91-17-8
102	硝基萘	86-57-7
103	蒽醌及其染料	84-65-1(蒽醌)
104	二苯胍	102-06-7
105	对苯二胺	106-50-3
106	对溴苯胺	106-40-1
107	卤化水杨酰苯胺(N-水杨酰苯胺)	
108	硝基萘胺	776-34-1
109	对苯二甲酸二甲酯	120-61-6
110	邻苯二甲酸二丁酯	84-74-2
111	邻苯二甲酸二甲酯	131-11-3
112	磷酸二丁基苯酯	2528-36-1
113	磷酸三邻甲苯酯	78-30-8
114	三甲苯磷酸酯	1330-78-5
115	1,2,3-苯三酚(焦棓酚)	87-66-1
116	4,6-二硝基邻苯甲酚	534-52-1
117	*N*,*N*-二甲基-3-氨基苯酚	99-07-0
118	对氨基酚	123-30-8
119	多氯酚	
120	二甲苯酚	108-68-9
121	二氯酚	120-83-2

续表

序号	名称	CAS号
122	二硝基苯酚	51-28-5
123	甲酚	1319-77-3
124	甲基氨基酚	55-55-0
125	间苯二酚	108-46-3
126	邻仲丁基苯酚	89-72-5
127	萘酚	1321-67-1
128	氢醌(对苯二酚)	123-31-9
129	三硝基酚(苦味酸)	88-89-1
130	氰氨化钙	156-62-7
131	碳酸钙	471-34-1
132	氧化钙	1305-78-8
133	锆及其化合物	7440-67-7(锆)
134	铬及其化合物	7440-47-3(铬)
135	钴及其氧化物	7440-48-4
136	二甲基二氯硅烷	75-78-5
137	三氯氢硅	10025-78-2
138	四氯化硅	10026-04-7
139	环氧丙烷	75-56-9
140	环氧氯丙烷	106-89-8
141	柴油	
142	焦炉逸散物	
143	煤焦油	8007-45-2
144	煤焦油沥青	65996-93-2
145	木馏油(焦油)	8001-58-9
146	石蜡烟	
147	石油沥青	8052-42-4
148	苯肼	100-63-0
149	甲基肼	60-34-4
150	肼	302-01-2
151	聚氯乙烯热解物	7647-01-0
152	锂及其化合物	7439-93-2(锂)
153	联苯胺(4,4′-二氨基联苯)	92-87-5
154	3,3-二甲基联苯胺	119-93-7
155	多氯联苯	1336-36-3
156	多溴联苯	59536-65-1
157	联苯	92-52-4
158	氯联苯(54%氯)	11097-69-1

续表

序号	名称	CAS 号
159	甲硫醇	74-93-1
160	乙硫醇	75-08-1
161	正丁基硫醇	109-79-5
162	二甲基亚砜	67-68-5
163	二氯化砜(磺酰氯)	7791-25-5
164	过硫酸盐(过硫酸钾、过硫酸钠、过硫酸铵等)	
165	硫酸及三氧化硫	7664-93-9
166	六氟化硫	2551-62-4
167	亚硫酸钠	7757-83-7
168	2-溴乙氧基苯	589-10-6
169	苄基氯	100-44-7
170	苄基溴(溴甲苯)	100-39-0
171	多氯苯	
172	二氯苯	106-46-7
173	氯苯	108-90-7
174	溴苯	108-86-1
175	1,1-二氯乙烯	75-35-4
176	1,2-二氯乙烯(顺式)	540-59-0
177	1,3-二氯丙烯	542-75-6
178	二氯乙炔	7572-29-4
179	六氯丁二烯	87-68-3
180	六氯环戊二烯	77-47-4
181	四氯乙烯	127-18-4
182	1,1,1-三氯乙烷	71-55-6
183	1,2,3-三氯丙烷	96-18-4
184	1,2-二氯丙烷	78-87-5
185	1,3-二氯丙烷	142-28-9
186	二氯二氟甲烷	75-71-8
187	二氯甲烷	75-09-2
188	二溴氯丙烷	35407
189	六氯乙烷	67-72-1
190	氯仿(三氯甲烷)	67-66-3
191	氯甲烷	74-87-3
192	氯乙烷	75-00-3
193	氯乙酰氯	79-40-9
194	三氯一氟甲烷	75-69-4
195	四氯乙烷	79-34-5

续表

序号	名称	CAS 号
196	四溴化碳	558-13-4
197	五氟氯乙烷	76-15-3
198	溴乙烷	74-96-4
199	铝酸钠	1302-42-7
200	二氧化氯	10049-04-4
201	氯化氢及盐酸	7647-01-0
202	氯酸钾	3811-04-9
203	氯酸钠	7775-09-9
204	三氟化氯	7790-91-2
205	氯甲醚	107-30-2
206	苯基醚(二苯醚)	101-84-8
207	二丙二醇甲醚	34590-94-8
208	二氯乙醚	111-44-4
209	二缩水甘油醚	
210	邻茴香胺	90-04-0
211	双氯甲醚	542-88-1
212	乙醚	60-29-7
213	正丁基缩水甘油醚	2426-08-6
214	钼酸	13462-95-8
215	钼酸铵	13106-76-8
216	钼酸钠	7631-95-0
217	三氧化钼	1313-27-5
218	氢氧化钠	1310-73-2
219	碳酸钠(纯碱)	3313-92-6
220	镍及其化合物(羰基镍单列)	
221	癸硼烷	17702-41-9
222	硼烷	
223	三氟化硼	7637-07-2
224	三氯化硼	10294-34-5
225	乙硼烷	19287-45-7
226	2-氯苯基羟胺	10468-16-3
227	3-氯苯基羟胺	10468-17-4
228	4-氯苯基羟胺	823-86-9
229	苯基羟胺(苯胲)	100-65-2
230	巴豆醛(丁烯醛)	4170-30-3
231	丙酮醛(甲基乙二醛)	78-98-8
232	丙烯醛	107-02-8

续表

序号	名称	CAS 号
233	丁醛	123-72-8
234	糠醛	98-01-1
235	氯乙醛	107-20-0
236	羟基香茅醛	107-75-5
237	三氯乙醛	75-87-6
238	乙醛	75-07-0
239	氢氧化铯	21351-79-1
240	氯化苄烷胺(洁尔灭)	8001-54-5
241	双-(二甲基硫代氨基甲酰基)二硫化物(秋兰姆、福美双)	137-26-8
242	α-萘硫脲(安妥)	86-88-4
243	3-(1-丙酮基苄基)-4-羟基香豆素(杀鼠灵)	81-81-2
244	酚醛树脂	9003-35-4
245	环氧树脂	38891-59-7
246	脲醛树脂	25104-55-6
247	三聚氰胺甲醛树脂	9003-08-1
248	1,2,4-苯三酸酐	552-30-7
249	邻苯二甲酸酐	85-44-9
250	马来酸酐	108-31-6
251	乙酸酐	108-24-7
252	丙酸	79-09-4
253	对苯二甲酸	100-21-0
254	氟乙酸钠	62-74-8
255	甲基丙烯酸	79-41-4
256	甲酸	64-18-6
257	羟基乙酸	79-14-1
258	巯基乙酸	68-11-1
259	三甲基己二酸	3937-59-5
260	三氯乙酸	76-03-9
261	乙酸	64-19-7
262	正香草酸(高香草酸)	306-08-1
263	四氯化钛	7550-45-0
264	钽及其化合物	7440-25-7(钽)
265	锑及其化合物	7440-36-0(锑)
266	五羰基铁	13463-40-6
267	2-己酮	591-78-6
268	3,5,5-三甲基-2-环己烯-1-酮(异佛尔酮)	78-59-1
269	丙酮	67-64-1

续表

序号	名称	CAS号
270	丁酮	78-93-3
271	二乙基甲酮	96-22-0
272	二异丁基甲酮	108-83-8
273	环己酮	108-94-1
274	环戊酮	120-92-3
275	六氟丙酮	684-16-2
276	氯丙酮	78-95-5
277	双丙酮醇	123-42-2
278	乙基另戊基甲酮(5-甲基-3-庚酮)	541-85-5
279	乙基戊基甲酮	106-68-3
280	乙烯酮	463-51-4
281	异亚丙基丙酮	141-79-7
282	铜及其化合物	
283	丙烷	74-98-6
284	环己烷	110-82-7
285	甲烷	74-82-8
286	壬烷	111-84-2
287	辛烷	111-65-9
288	正庚烷	142-82-5
289	正戊烷	109-66-0
290	2-乙氧基乙醇	110-80-5
291	甲氧基乙醇	109-86-4
292	围涎树碱	
293	二硫化硒	56093-45-9
294	硒化氢	7783-07-5
295	钨及其不溶性化合物	7740-33-7(钨)
296	硒及其化合物(六氟化硒、硒化氢单列)	7782-49-2(硒)
297	二氧化锡	1332-29-2
298	*N*,*N*-二甲基乙酰胺	127-19-5
299	*N*-3,4 二氯苯基丙酰胺(敌稗)	709-98-8
300	氟乙酰胺	640-19-7
301	己内酰胺	105-60-2
302	环四次甲基四硝胺(奥克托今)	2691-41-0
303	环三次甲基三硝铵(黑索今)	121-82-4
304	硝化甘油	55-63-0
305	氯化锌烟	7646-85-7(氯化锌)
306	氧化锌	1314-13-2

续表

序号	名称	CAS 号
307	氢溴酸(溴化氢)	10035-10-6
308	臭氧	10028-15-6
309	过氧化氢	7722-84-1
310	钾盐镁矾	
311	丙烯基芥子油	
312	多次甲基多苯基异氰酸酯	57029-46-6
313	二苯基甲烷二异氰酸酯	101-68-8
314	甲苯-2,4-二异氰酸酯(TDI)	584-84-9
315	六亚甲基二异氰酸酯(HDI)(1,6-己二异氰酸酯)	822-06-0
316	萘二异氰酸酯	3173-72-6
317	异佛尔酮二异氰酸酯	4098-71-9
318	异氰酸甲酯	624-83-9
319	氧化银	20667-12-3
320	甲氧氯	72-43-5
321	2-氨基吡啶	504-29-0
322	*N*-乙基吗啉	100-74-3
323	吖啶	260-94-6
324	苯绕蒽酮	82-05-3
325	吡啶	110-86-1
326	二噁烷	123-91-1
327	呋喃	110-00-9
328	吗啉	110-91-8
329	四氢呋喃	109-99-9
330	茚	95-13-6
331	四氢化锗	7782-65-2
332	二乙烯二胺(哌嗪)	110-85-0
333	1,6-己二胺	124-09-4
334	二甲胺	124-40-3
335	二乙烯三胺	111-40-0
336	二异丙胺基氯乙烷	96-79-7
337	环己胺	108-91-8
338	氯乙基胺	689-98-5
339	三乙烯四胺	112-24-3
340	烯丙胺	107-11-9
341	乙胺	75-04-7
342	乙二胺	107-15-3
343	异丙胺	75-31-0

续表

序号	名称	CAS 号
344	正丁胺	109-73-9
345	1,1-二氯-1-硝基乙烷	594-72-9
346	硝基丙烷	25322-01-4
347	三氯硝基甲烷(氯化苦)	76-06-2
348	硝基甲烷	75-52-5
349	硝基乙烷	79-24-3
350	1,3-二甲基丁基乙酸酯(乙酸仲己酯)	108-84-9
351	2-甲氧基乙基乙酸酯	110-49-6
352	2-乙氧基乙基乙酸酯	111-15-9
353	*n*-乳酸正丁酯	138-22-7
354	丙烯酸甲酯	96-33-3
355	丙烯酸正丁酯	141-32-2
356	甲基丙烯酸甲酯(异丁烯酸甲酯)	80-62-6
357	甲基丙烯酸缩水甘油酯	106-91-2
358	甲酸丁酯	592-84-7
359	甲酸甲酯	107-31-3
360	甲酸乙酯	109-94-4
361	氯甲酸甲酯	79-22-1
362	氯甲酸三氯甲酯(双光气)	503-38-8
363	三氟甲基次氟酸酯	
364	亚硝酸乙酯	109-95-5
365	乙二醇二硝酸酯	628-96-6
366	乙基硫代磺酸乙酯	682-91-7
367	乙酸苄酯	140-11-4
368	乙酸丙酯	109-60-4
369	乙酸丁酯	123-86-4
370	乙酸甲酯	79-20-9
371	乙酸戊酯	628-63-7
372	乙酸乙烯酯	108-05-4
373	乙酸乙酯	141-78-6
374	乙酸异丙酯	108-21-4
375	以上未提及的可导致职业病的其他化学因素	

三、物理因素

序号	名称
1	噪声
2	高温
3	低气压
4	高气压
5	高原低氧

续表

序号	名称
6	振动
7	激光
8	低温
9	微波
10	紫外线
11	红外线
12	工频电磁场
13	高频电磁场
14	超高频电磁场
15	以上未提及的可导致职业病的其他物理因素

四、放射性因素

序号	名称	备注
1	密封放射源产生的电离辐射	主要产生 γ、中子等射线
2	非密封放射性物质	可产生 α、β、γ 射线或中子
3	X 射线装置(含 CT 机)产生的电离辐射	X 射线
4	加速器产生的电离辐射	可产生电子射线、X 射线、质子、重离子、中子以及感生放射性等
5	中子发生器产生的电离辐射	主要是中子、γ 射线等
6	氡及其短寿命子体	限于矿工高氡暴露
7	铀及其化合物	
8	以上未提及的可导致职业病的其他放射性因素	

五、生物因素

序号	名称	备注
1	艾滋病病毒	限于医疗卫生人员及人民警察
2	布鲁氏菌	
3	伯氏疏螺旋体	
4	森林脑炎病毒	
5	炭疽芽孢杆菌	
6	以上未提及的可导致职业病的其他生物因素	

六、其他因素

序号	名称	备注
1	金属烟	
2	井下不良作业条件	限于井下工人
3	刮研作业	限于手工刮研作业人员

内河禁运危险化学品目录（2019版）

（交通运输部、生态环境部、工业和信息化部、应急管理部，
公告2019年第30号，2019年5月24日）

一、内河全面禁运危险化学品

（228种）

序号	危险化学品目录序号	品名	别名	UN编号	正确运输中文名称	CAS号
1	4	5-氨基-3-苯基-1-[双(*N*,*N*-二甲基氨基氧膦基)]-1,2,4-三唑[含量>20%]	威菌磷	3018 2783	—	1031-47-6
2	20	3-氨基丙烯	烯丙胺	2334	烯丙胺	107-11-9
3	40	八氟异丁烯	全氟异丁烯;1,1,3,3,3-五氟-2-(三氟甲基)-1-丙烯	3162	—	382-21-8
4	41	八甲基焦磷酰胺	八甲磷	3018	—	152-16-9
5	42	1,3,4,5,6,7,8,8-八氯-1,3,3*a*,4,7,7*a*-六氢-4,7-甲撑异苯并呋喃[含量>1%]	八氯六氢亚甲基苯并呋喃;碳氯灵	2761	—	297-78-9
6	71	苯基硫醇	苯硫酚;巯基苯;硫代苯酚	2337	苯硫酚	108-98-5
7	88	苯胂化二氯	二氯化苯胂;二氯苯胂	1556	—	696-28-6
8	99	1-(3-吡啶甲基)-3-(4-硝基苯基)脲	1-(4-硝基苯基)-3-(3-吡啶基甲基)脲;灭鼠优	2588	—	53558-25-1
9	121	丙腈	乙基氰	2404	丙腈	107-12-0
10	123	2-丙炔-1-醇	丙炔醇;炔丙醇	2929	—	107-19-7
11	138	丙酮氰醇	丙酮合氰化氢;2-羟基异丁腈;氰丙醇	1541	丙酮合氰化氢，稳定的	75-86-5
12	141	2-丙烯-1-醇	烯丙醇;蒜醇;乙烯甲醇	1098	烯丙醇	107-18-6
13	155	丙烯亚胺	2-甲基氮丙啶;2-甲基乙撑亚胺;丙撑亚胺	1921	丙烯亚胺，稳定的	75-55-8
14	217	叠氮化钠	三氮化钠	1687	叠氮化钠	26628-22-8
15	241	3-丁烯-2-酮	甲基乙烯基酮;丁烯酮	1251	甲基乙烯基甲酮,稳定的	78-94-4
16	258	1-(对氯苯基)-2,8,9-三氧-5-氮-1-硅双环(3,3,3)十二烷	毒鼠硅;氯硅宁;硅灭鼠	—	—	29025-67-0
17	321	2-(二苯基乙酰基)-2,3-二氢-1,3-茚二酮	2-(2,2-二苯基乙酰基)-1,3-茚满二酮;敌鼠	2588	—	82-66-6
18	339	1,3-二氟丙-2-醇(Ⅰ)与1-氯-3-氟丙-2-醇(Ⅱ)的混合物	鼠甘伏;甘氟	2588	—	8065-71-2
19	340	二氟化氧	一氧化二氟	2190	二氟化氧，压缩的	7783-41-7
20	367	*O*,*O*-二甲基-*O*-(2-甲氧甲酰基-1-甲基)乙烯基磷酸酯[含量>5%]	甲基-3-[(二甲氧基磷酰基)氧代]-2-丁烯酸酯;速灭磷	3018	—	7786-34-7

续表

序号	危险化学品目录序号	品名	别名	UN编号	正确运输中文名称	CAS号
21	385	二甲基-4-(甲基硫代)苯基磷酸酯	甲硫磷	3018	—	3254-63-5
22	393	(*E*)-*O*,*O*-二甲基-*O*-[1-甲基-2-(二甲基氨基甲酰)乙烯基]磷酸酯[含量>25%]	3-二甲氧基磷氧基-*N*,*N*-二甲基异丁烯酰胺;百治磷	3018	—	141-66-2
23	394	*O*,*O*-二甲基-*O*-[1-甲基-2-(甲基氨基甲酰)乙烯基]磷酸酯[含量>0.5%]	久效磷	2783	—	6923-22-4
24	410	*N*,*N*-二甲基氨基乙腈	2-(二甲氨基)乙腈	2378	2-二甲氨基乙腈	926-64-7
25	434	*O*,*O*-二甲基-对硝基苯基磷酸酯	甲基对氧磷	3018	—	950-35-6
26	461	1,1-二甲基肼	二甲基肼(不对称);*N*,*N*-二甲基肼	1163	二甲肼，不对称	57-14-7
27	462	1,2-二甲基肼	二甲基肼[对称]	2382	二甲基肼，对称的	540-73-8
28	463	*O*,*O*′-二甲基硫代磷酰氯	二甲基硫代磷酰氯	2267	二甲基硫代磷酰氯	2524-03-0
29	481	二甲双胍	双甲胍;马钱子碱	1692	—	57-24-9
30	486	二甲氧基马钱子碱	番木鳖碱	1570	番木鳖碱(二甲氧基马钱子碱)	357-57-3
31	568	2,3-二氢-2,2-二甲基苯并呋喃-7-基-*N*-甲基氨基甲酸酯	克百威	2757	—	1563-66-2
32	572	2,6-二噻-1,3,5,7-四氮三环-[3,3,1,1,3,7]癸烷-2,2,6,6-四氧化物	毒鼠强	2588	—	80-12-6
33	648	*S*-[2-(二乙氨基)乙基]-*O*,*O*-二乙基硫代磷酸酯	胺吸磷	3018	—	78-53-5
34	649	*N*-二乙氨基乙基氯	2-氯乙基二乙胺	2810	—	100-35-6
35	654	*O*,*O*-二乙基-*N*-(1,3-二硫戊环-2-亚基)磷酰胺[含量>15%]	2-(二乙氧基磷酰亚氨基)-1,3-二硫戊环;硫环磷	3018 2783	—	947-02-4
36	655	*O*,*O*-二乙基-*N*-(4-甲基-1,3-二硫戊环-2-亚基)磷酰胺[含量>5%]	二乙基(4-甲基-1,3-二硫戊环-2-叉氨基)磷酸酯;地胺磷	3018	—	950-10-7
37	656	*O*,*O*-二乙基-*N*-1,3-二噻丁环-2-亚基磷酰胺	丁硫环磷	3018	—	21548-32-3
38	658	*O*,*O*-二乙基-*O*-(2-乙硫基乙基)硫代磷酸酯与*O*,*O*-二乙基-*S*-(2-乙硫基乙基)硫代磷酸酯的混合物[含量>3%]	内吸磷	3018	—	8065-48-3
39	660	*O*,*O*-二乙基-*O*-(4-甲基香豆素基-7)硫代磷酸酯	扑杀磷	2811	—	299-45-6
40	661	*O*,*O*-二乙基-*O*-(4-硝基苯基)磷酸酯	对氧磷	3018 2783	—	311-45-5
41	662	*O*,*O*-二乙基-*O*-(4-硝基苯基)硫代磷酸酯[含量>4%]	对硫磷	3018	—	56-38-2
42	665	*O*,*O*-二乙基-*O*-[2-氯-1-(2,4-二氯苯基)乙烯基]磷酸酯[含量>20%]	2-氯-1-(2,4-二氯苯基)乙烯基二乙基磷酸酯;毒虫畏	3018	—	470-90-6
43	667	*O*,*O*-二乙基-*O*-2-吡嗪基硫代磷酸酯[含量>5%]	虫线磷	3018	—	297-97-2

续表

序号	危险化学品目录序号	品名	别名	UN编号	正确运输中文名称	CAS号
44	672	O,O-二乙基-S-(2-乙硫基乙基)二硫代磷酸酯[含量>15%]	乙拌磷	3018	—	298-04-4
45	673	O,O-二乙基-S-(4-甲基亚磺酰基苯基)硫代磷酸酯[含量>4%]	丰索磷	3018	—	115-90-2
46	675	O,O-二乙基-S-(对硝基苯基)硫代磷酸	硫代磷酸-O,O-二乙基-S-(4-硝基苯基)酯	3018	—	3270-86-8
47	676	O,O-二乙基-S-(乙硫基甲基)二硫代磷酸酯	甲拌磷	3018	—	298-02-2
48	677	O,O-二乙基-S-(异丙基氨基甲酰甲基)二硫代磷酸酯[含量>15%]	发硫磷	3018	—	2275-18-5
49	679	O,O-二乙基-S-氯甲基二硫代磷酸酯[含量>15%]	氯甲硫磷	3018	—	24934-91-6
50	680	O,O-二乙基-S-叔丁基硫甲基二硫代磷酸酯	特丁硫磷	3018	—	13071-79-9
51	692	二乙基汞	二乙汞	2929	—	627-44-1
52	732	氟		1045	氟,压缩的	7782-41-4
53	780	氟乙酸	氟醋酸	2642	氟乙酸	144-49-0
54	783	氟乙酸甲酯		3272	—	453-18-9
55	784	氟乙酸钠	氟醋酸钠	2629	氟乙酸钠	62-74-8
56	788	氟乙酰胺		2811	—	640-19-7
57	849	癸硼烷	十硼烷;十硼氢	1868	癸硼烷	17702-41-9
58	1008	4-己烯-1-炔-3-醇		2810	—	10138-60-0
59	1041	3-(1-甲基-2-四氢吡咯基)吡啶硫酸盐	硫酸化烟碱	1658	硫酸烟碱溶液	65-30-5
60	1071	2-甲基-4,6-二硝基酚	4,6-二硝基邻甲苯酚;二硝酚	1598	二硝基邻甲酚	534-52-1
61	1079	O-甲基-S-甲基-硫代磷酰胺	甲胺磷	2783	—	10265-92-6
62	1081	O-甲基氨基甲酰基-2-甲基-2-(甲硫基)丙醛肟	涕灭威	2771	—	116-06-3
63	1082	O-甲基氨基甲酰基-3,3-二甲基-1-(甲硫基)丁醛肟	O-甲基氨基甲酰基-3,3-二甲基-1-(甲硫基)丁醛肟;久效威	2771	—	39196-18-4
64	1097	(S)-3-(1-甲基吡咯烷-2-基)吡啶	烟碱;尼古丁;1-甲基-2-(3-吡啶基)吡咯烷	1654	烟碱(尼古丁)	54-11-5
65	1126	甲基磺酰氯	氯化硫酰甲烷;甲烷磺酰氯	3246	甲磺酰氯	124-63-0
66	1128	甲基肼	一甲肼;甲基联氨	1244	甲基肼	60-34-4
67	1189	甲烷磺酰氟	甲磺氟酰;甲基磺酰氟	2927	—	558-25-8
68	1202	甲藻毒素(二盐酸盐)	石房蛤毒素(盐酸盐)	3462	—	35523-89-8
69	1236	抗霉素A		3172	—	1397-94-0
70	1248	镰刀菌酮X		3172	—	23255-69-8
71	1266	磷化氢	磷化三氢;膦	2199	磷化氢	7803-51-2
72	1278	硫代磷酰氯	硫代氯化磷酰;三氯化硫磷;三氯硫磷	1837	硫代磷酰氯	3982-91-0
73	1327	硫酸三乙基锡		3146	—	57-52-3
74	1328	硫酸铊	硫酸亚铊	1707	—	7446-18-6
75	1332	六氟-2,3-二氯-2-丁烯	2,3-二氯六氟-2-丁烯	2927	—	303-04-8
76	1351	(1R,4S,4aS,5R,6R,7S,8S,8aR)-1,2,3,4,10,10-六氯-1,4,4a,5,6,7,8,8a-八氢-6,7-环氧-1,4,5,8-二亚甲基萘[含量2%~90%]	狄氏剂	2761	—	60-57-1

续表

序号	危险化学品目录序号	品名	别名	UN编号	正确运输中文名称	CAS号
77	1352	(1*R*,4*S*,5*R*,8*S*)-1,2,3,4,10,10-六氯-1,4,4*a*,5,6,7,8,8*a*-八氢-6,7-环氧-1,4,5,8-二亚甲基萘[含量>5%]	异狄氏剂	2761	—	72-20-8
78	1353	1,2,3,4,10,10-六氯-1,4,4*a*,5,8,8*a*-六氢-1,4-挂-5,8-挂二亚甲基萘[含量>10%]	异艾氏剂	2761	—	465-73-6
79	1354	1,2,3,4,10,10-六氯-1,4,4*a*,5,8,8*a*-六氢-1,4:5,8-桥,挂-二甲撑萘[含量>75%]	六氯-六氢-二甲撑萘；艾氏剂	2761	—	309-00-2
80	1358	六氯环戊二烯	全氯环戊二烯	2646	六氯环戊二烯	77-47-4
81	1381	氯	液氯；氯气	1017	氯气	7782-50-5
82	1422	2-[(*RS*)-2-(4-氯苯基)-2-苯基乙酰基]-2,3-二氢-1,3-茚二酮[含量>4%]	2-(苯基对氯苯基乙酰)茚满-1,3-二酮；氯鼠酮	2761	—	3691-35-8
83	1442	氯代膦酸二乙酯	氯化磷酸二乙酯	2927	—	814-49-3
84	1464	氯化汞	氯化高汞；二氯化汞；升汞	1624	氯化汞	7487-94-7
85	1476	氯化氰	氰化氯；氯甲腈	1589	氯化氰，稳定的	506-77-4
86	1502	氯甲基甲醚	甲基氯甲醚；氯二甲醚	1239	甲基氯甲基醚	107-30-2
87	1509	氯甲酸甲酯	氯碳酸甲酯	1238	氯甲酸甲酯	79-22-1
88	1513	氯甲酸乙酯	氯碳酸乙酯	1182	氯甲酸乙酯	541-41-3
89	1549	2-氯乙醇	乙撑氯醇；氯乙醇	1135	氯乙醇	107-07-3
90	1637	2-羟基丙腈	乳腈	2810	—	78-97-7
91	1642	羟基乙腈	乙醇腈	2810	—	107-16-4
92	1646	羟间唑啉(盐酸盐)		3249	—	2315-02-8
93	1677	氰胍甲汞	氰甲汞胍	2025	—	502-39-6
94	1681	氰化镉		2570	—	542-83-6
95	1686	氰化钾	山奈钾	1680	氰化钾，固体的	151-50-8
96	1688	氰化钠	山奈	1689	氰化钠，固体的	143-33-9
97	1693	氰化氢	无水氢氰酸	1051	氰化氢，稳定的，含水小于3%	74-90-8
98	1704	氰化银钾	银氰化钾	1588	—	506-61-6
99	1723	全氯甲硫醇	三氯硫氯甲烷；过氯甲硫醇；四氯硫代碳酰	1670	全氯甲硫醇	594-42-3
100	1735	乳酸苯汞三乙醇铵		2026	—	23319-66-6
101	1854	三氯硝基甲烷	氯化苦；硝基三氯甲烷	1580	三氯硝基甲烷(氯化苦)	76-06-2
102	1912	三氧化二砷	白砒；砒霜；亚砷酸酐	1561	三氧化二砷	1327-53-3
103	1923	三正丁胺	三丁胺	2542	三丁胺	102-82-9
104	1927	砷化氢	砷化三氢；胂	2188	胂	7784-42-1
105	1998	双(1-甲基乙基)氟磷酸酯	二异丙基氟磷酸酯；丙氟磷	3018	—	55-91-4
106	1999	双(2-氯乙基)甲胺	氮芥；双(氯乙基)甲胺	2810	—	51-75-2
107	2000	5-[双(2-氯乙基)氨基]-2,4-(1H,3H)嘧啶二酮	尿嘧啶芳芥；嘧啶苯芥	3249	—	66-75-1
108	2003	*O*,*O*-双(4-氯苯基)-*N*-(1-亚氨基)乙基硫代磷酸胺	毒鼠磷	2783	—	4104-14-7
109	2005	双(二甲胺基)磷酰氟[含量>2%]	甲氟磷	3018	—	115-26-4
110	2047	2,3,7,8-四氯二苯并对二噁英	二噁英；2,3,7,8-TCDD；四氯二苯二噁英	2811	—	1746-01-6

续表

序号	危险化学品目录序号	品名	别名	UN编号	正确运输中文名称	CAS号
111	2067	3-(1,2,3,4-四氢-1-萘基)-4-羟基香豆素	杀鼠醚	3027	—	5836-29-3
112	2078	四硝基甲烷		1510	四硝基甲烷	509-14-8
113	2087	四氧化锇	锇酸酐	2471	四氧化锇	20816-12-0
114	2091	*O*,*O*,*O*′,*O*′-四乙基二硫代焦磷酸酯	治螟磷	1704	二硫代焦磷酸四乙酯	3689-24-5
115	2092	四乙基焦磷酸酯	特普	3018	—	107-49-3
116	2093	四乙基铅	发动机燃料抗爆混合物	1649	发动机燃料抗爆混合物	78-00-2
117	2115	碳酰氯	光气	1076	光气	75-44-5
118	2118	羰基镍	四羰基镍;四碳酰镍	1259	羰基镍	13463-39-3
119	2133	乌头碱	附子精	1544	—	302-27-2
120	2138	五氟化氯		2548	五氟化氯	13637-63-3
121	2144	五氯苯酚	五氯酚	3155	五氯酚	87-86-5
122	2147	2,3,4,7,8-五氯二苯并呋喃	2,3,4,7,8-PCDF	2811	—	57117-31-4
123	2153	五氯化锑	过氯化锑;氯化锑	1730	五氯化锑,液体的	7647-18-9
124	2157	五羰基铁	羰基铁	1994	五羰基铁	13463-40-6
125	2163	五氧化二砷	砷酸酐;五氧化砷;氧化砷	1559	五氧化二砷	1303-28-2
126	2177	戊硼烷	五硼烷	1380	戊硼烷	19624-22-7
127	2198	硒酸钠		2630	—	13410-01-0
128	2222	2-硝基-4-甲氧基苯胺	枣红色基 GP	2811	—	96-96-8
129	2413	3-[3-(4′-溴联苯-4-基)-1,2,3,4-四氢-1-萘基]-4-羟基香豆素	溴鼠灵	3027	—	56073-10-0
130	2414	3-[3-(4-溴联苯-4-基)-3-羟基-1-苯丙基]-4-羟基香豆素	溴敌隆	3027	—	28772-56-7
131	2460	亚砷酸钙	亚砒酸钙	1574	—	27152-57-4
132	2477	亚硒酸氢钠	重亚硒酸钠	2630	—	7782-82-3
133	2527	盐酸吐根碱	盐酸依米丁	1544	—	316-42-7
134	2533	氧化汞	一氧化汞;黄降汞;红降汞	1641	氧化汞	21908-53-2
135	2549	一氟乙酸对溴苯胺		—	—	351-05-3
136	2567	乙撑亚胺 乙撑亚胺[稳定的]	吖丙啶;1-氮杂环丙烷;氮丙啶	1185	乙撑亚胺,稳定的	151-56-4
137	2588	*O*-乙基-*O*-(4-硝基苯基)苯基硫代膦酸酯[含量>15%]	苯硫膦	3018 2783	—	2104-64-5
138	2593	*O*-乙基-*S*-苯基乙基二硫代膦酸酯[含量>6%]	地虫硫膦	3018	—	944-22-9
139	2626	乙硼烷	二硼烷	1911	乙硼烷	19287-45-7
140	2635	乙酸汞	乙酸高汞;醋酸汞	1629	乙酸汞	1600-27-7
141	2637	乙酸甲氧基乙基汞	醋酸甲氧基乙基汞	2025	—	151-38-2
142	2642	乙酸三甲基锡	醋酸三甲基锡	2788	—	1118-14-5
143	2643	乙酸三乙基锡	三乙基乙酸锡	2788	—	1907-13-7
144	2665	乙烯砜	二乙烯砜	2927	—	77-77-0
145	2671	*N*-乙烯基乙撑亚胺	*N*-乙烯基氮丙环	2810	—	5628-99-9
146	2685	1-异丙基-3-甲基吡唑-5-基-*N*,*N*-二甲基氨基甲酸酯[含量>20%]	异索威	2992	—	119-38-0
147	2718	异氰酸苯酯	苯基异氰酸酯	2487	异氰酸苯酯	103-71-9
148	2723	异氰酸甲酯	甲基异氰酸酯	2480	异氰酸甲酯	624-83-9

续表

序号	危险化学品目录序号	品名	别名	UN编号	正确运输中文名称	CAS号
149	44	八氯莰烯	毒杀芬	2761	—	8001-35-2
150	46	白磷	黄磷	2447	白磷，熔融的	12185-10-3
151	144	丙烯醛[稳定的]	烯丙醛；败脂醛	1092	丙烯醛，稳定的	107-02-8
152	245	2-丁烯醛	巴豆醛；β-甲基丙烯醛	1143	巴豆醛或巴豆醛，稳定的	4170-30-3
153	313	二苯基胺氯胂	吩吡嗪化氯；亚当氏气	1698	二苯胺氯胂	578-94-9
154	328	二碘化汞	碘化汞；碘化高汞；红色碘化汞	1638	碘化汞	7774-29-0
155	333	二丁基氧化锡	氧化二丁基锡	3146	—	818-08-6
156	334	*S*,*S*′-(1,4-二噁烷 2,3-二基)-*O*,*O*,*O*′,*O*′-四乙基双(二硫代磷酸酯)	敌噁磷	3018	—	78-34-2
157	366	*O*,*O*-二甲基-*O*-(2,2-二氯乙烯基)磷酸酯	敌敌畏	3018	—	62-73-7
158	391	*O*,*O*-二甲基-*O*-(4-硝基苯基)硫代磷酸酯	甲基对硫磷	3018 2783	—	298-00-0
159	395	*O*,*O*-二甲基-*O*-[1-甲基-2 氯-2-(二乙基氨基甲酰)乙烯基]磷酸酯	2-氯-3-(二乙氨基)-1-甲基-3-氧代-1-丙烯二甲基磷酸酯；磷胺	3018	—	13171-21-6
160	396	*O*,*O*-二甲基-*S*-(2,3-二氢-5-甲氧基-2-氧代-1,3,4-噻二唑-3-基甲基)二硫代磷酸酯	杀扑磷	3018 2783	—	950-37-8
161	399	*O*,*O*-二甲基-*S*-(3,4-二氢-4-氧代苯并[*d*]-[1,2,3]-三氮苯-3-基甲基)二硫代磷酸酯	保棉磷	3018 2783	—	86-50-0
162	400	*O*,*O*-二甲基-*S*-(*N*-甲基氨基甲酰甲基)硫代磷酸酯	氧乐果	3018	—	1113-02-6
163	403	*O*,*O*-二甲基-*S*-(乙基氨基甲酰甲基)二硫代磷酸酯	益棉磷	3018 2783	—	2642-71-9
164	404	*O*,*O*-二甲基-*S*-[1,2-双(乙氧基甲酰)乙基]二硫代磷酸酯	马拉硫磷	3018	—	121-75-5
165	405	4-*N*,*N*-二甲基氨基-3,5-二甲基苯基-*N*-甲基氨基甲酸酯	4-二甲氨基-3,5-二甲苯基-*N*-甲基氨基甲酸酯；兹克威	2757	—	315-18-4
166	406	4-*N*,*N*-二甲基氨基-3-甲基苯基-*N*-甲基氨基甲酸酯	灭害威	2757	—	2032-59-9
167	409	3-二甲基氨基亚甲基亚氨基苯基-*N*-甲基氨基甲酸酯(或其盐酸盐)	伐虫脒	2757	—	22259-30-9；23422-53-9
168	593	2,4-二硝基苯酚[含水≥15%]	1-羟基-2,4-二硝基苯	1320	二硝基苯酚，湿的，按质量计，含水不小于15%	51-28-5
169	613	4,6-二硝基邻甲苯酚钠		1348	二硝基邻甲酚钠，湿的，按质量计，含水不小于15%	2312-76-7
170	659	*O*,*O*-二乙基-*O*-(3-氯-4-甲基香豆素-7-基)硫代磷酸酯	蝇毒磷	3018 2783	—	56-72-4
171	666	*O*,*O*-二乙基-*O*-2,5-二氯-4-甲硫基苯基硫代磷酸酯	*O*-[2,5-二氯-4-(甲硫基)苯基]-*O*,*O*-二乙基硫代磷酸酯；虫螨磷	3018	—	21923-23-9；60238-56-4

续表

序号	危险化学品目录序号	品名	别名	UN编号	正确运输中文名称	CAS号
172	670	*O*,*O*-二乙基-*S*-(2-氯-1-酞酰亚氨基乙基)二硫代磷酸酯	氯亚胺硫磷	2783	—	10311-84-9
173	671	*O*,*O*-二乙基-*S*-(2-乙基亚磺酰基乙基)二硫代磷酸酯	砜拌磷	3018	—	2497-07-6
174	674	*O*,*O*-二乙基-*S*-(4-氯苯硫基甲基)二硫代磷酸酯	三硫磷	3018	—	786-19-6
175	934	花青甙	矢车菊甙	—	—	581-64-6
176	1075	*S*-甲基-*N*-[(甲基氨基甲酰基)-氧基]硫代乙酰胺酸酯	灭多威;*O*-甲基氨基甲酰酯-2-甲硫基乙醛肟	3018	—	16752-77-5
177	1077	*O*-甲基-*O*-(4-溴-2,5-二氯苯基)苯基硫代磷酸酯	溴苯膦	—	—	21609-90-5
178	1078	*O*-甲基-*O*-[(2-异丙氧基甲酰)苯基]-*N*-异丙基硫代磷酰胺	甲基异柳磷	3018	—	99675-03-3
179	1246	3-[(3-联苯-4-基)-1,2,3,4-四氢-1-萘基]-4-羟基香豆素	鼠得克	3027	—	56073-07-5
180	1269	磷化锌		1714	磷化锌	1314-84-7
181	1270	磷酸二乙基汞	谷乐生;谷仁乐生;乌斯普龙汞制剂	2025	—	2235-25-8
182	1296	硫氰酸汞		1646	硫氰酸汞	592-85-8
183	1355	(1,4,5,6,7,7-六氯-8,9,10-三降冰片-5-烯-2,3-亚基双亚甲基)亚硫酸酯	1,2,3,4,7,7-六氯双环[2,2,1]庚烯-(2)-双羟甲基-5,6-亚硫酸酯;硫丹	2761	—	115-29-7
184	1392	1-氯-2,4-二硝基苯	2,4-二硝基氯苯	1577	—	97-00-7
185	1469	氯化甲氧基乙基汞		2025	—	123-88-6
186	1496	氯化乙基汞		2025	—	107-27-7
187	1551	氯乙酸	氯醋酸;一氯醋酸	1751	氯乙酸,固体的	79-11-8
188	1629	1,4,5,6,7,8,8-七氯-3a,4,7,7*a*-四氢-4,7-亚甲基茚	七氯	2761	—	76-44-8
189	1675	氰	氰气	1026	氰	460-19-5
190	1679	氰化碘	碘化氰	3290	—	506-78-5
191	1680	氰化钙		1575	氰化钙	592-01-8
192	1682	氰化汞	氰化高汞;二氰化汞	1636	氰化汞	592-04-1
193	1699	氰化亚金钾		1588	—	13967-50-5
194	1713	2-巯基乙醇	硫代乙二醇;2-羟基-1-乙硫醇	2966	硫甘醇	60-24-2
195	1745	三苯基氢氧化锡	三苯基羟基锡	2786	—	76-87-9
196	1847	三氯化砷	氯化亚砷	1560	三氯化砷	7784-34-1
197	1929	砷酸		1553 1554	砷酸,液体的 砷酸,固体的	7778-39-4
198	1934	砷酸钙	砷酸三钙	1573	砷酸钙	7778-44-1
199	1944	砷酸铜		3288	—	10103-61-4
200	2090	*O*,*O*,*O*′,*O*′-四乙基-*S*,*S*′-亚甲基双(二硫代磷酸酯)	乙硫磷	3018	—	563-12-2
201	2095	四乙基锡	四乙锡	2929	—	597-64-8
202	2119	2-特丁基-4,6-二硝基酚	2-(1,1-二甲基乙基)-4,6-二硝酚;特乐酚	2779	—	1420-07-1
203	2134	无水肼[含肼>64%]	无水联胺	2029	肼,无水的	302-01-2
204	2148	五氯酚钠		2567	五氯苯酚钠	131-52-2
205	2298	硝酸汞	硝酸高汞	1625	硝酸汞	10045-94-0

续表

序号	危险化学品目录序号	品名	别名	UN编号	正确运输中文名称	CAS号
206	2400	溴化汞	二溴化汞；溴化高汞	1634	—	7789-47-1
207	2461	亚砷酸钾	偏亚砷酸钾	1678	亚砷酸钾	10124-50-2
208	2462	亚砷酸钠 亚砷酸钠水溶液	偏亚砷酸钠	2027	亚砷酸钠，固体的	7784-46-5
209	2470	亚硒酸		—	—	7783-00-8
210	2475	亚硒酸镁		2630	—	15593-61-0
211	2551	一氯丙酮	氯丙酮；氯化丙酮	1695	氯丙酮，稳定的	78-95-5
212	2557	一氯乙醛	氯乙醛；2-氯乙醛	2232	2-氯乙醛	107-20-0
213	2587	*O*-乙基-*O*-(3-甲基-4-甲硫基)苯基-*N*-异丙氨基磷酸酯	苯线磷	3018	—	22224-92-6
214	2589	*O*-乙基-*O*-[(2-异丙氧基酰基)苯基]-*N*-异丙基硫代磷酰胺	异柳磷	3018	—	25311-71-1
215	2590	*O*-乙基-*O*-2,4,5-三氯苯基-乙基硫代磷酸酯	*O*-乙基-*O*-2,4,5-三氯苯基-乙基硫代磷酸酯；毒壤膦	3018	—	327-98-0
216	2633	乙酸苯汞		1674	乙酸苯汞	62-38-4
217	2681	乙酰亚砷酸铜	巴黎绿；祖母绿；醋酸亚砷酸铜；翡翠绿；帝绿；苔绿；维也纳绿；草地绿；翠绿	1585	乙酰亚砷酸铜	12002-03-8
218	2689	3-异丙基苯基-*N*-氨基甲酸甲酯	间异丙威	2757	—	64-00-6
219	2715	异硫氰酸烯丙酯	人造芥子油；烯丙基异硫氰酸酯；烯丙基芥子油	1545	异硫氰酸烯丙酯，稳定的	57-06-7
220	2803	2-仲丁基-4,6-二硝基酚	二硝基仲丁基苯酚；4,6-二硝基-2-仲丁基苯酚；地乐酚	2779	—	88-85-7
221	2820	重铬酸钠	红矾钠	3086	—	10588-01-9
222	2495	亚硝酸乙酯		1194	亚硝酸乙酯溶液	109-95-5
223	293	二(氯甲基)醚	二氯二甲醚；对称二氯二甲醚；氧代二氯甲烷	2249	二氯二甲醚，对称的	542-88-1
224	1530	氯酸铵		1461	—	10192-29-7
225	798	高氯酸[浓度＞72%]	过氯酸	—	—	7601-90-3
226	2490	亚硝酸甲酯		2455	亚硝酸甲酯	624-91-9
227	2494	亚硝酸锌铵		1512	亚硝酸锌铵	63885-01-8
228	2286	易于自热并足以引发其分解的硝酸铵[含可燃物≤0.2%]		1942	硝酸铵，含有不大于0.2%的可燃物质，包括以碳计算的任何有机物，但不包括任何其他添加物质	6484-52-2

二、内河禁止散装运输危险化学品

（85种）

序号	危险化学品目录序号	品名	别名	UN编号	正确运输中文名称	CAS号
1	1015	甲苯-2,4-二异氰酸酯	2,4-二异氰酸甲苯酯；2,4-TDI	2078	甲苯二异氰酸酯	584-84-9

续表

序号	危险化学品目录序号	品名	别名	UN编号	正确运输中文名称	CAS号
2	2103	铊	金属铊	3288	—	7440-28-0
3	2540	氧化亚铊	一氧化二铊	1707	—	1314-12-1
4	2538	氧化铊	三氧化二铊	1707	—	1314-32-5
5	2113	碳酸亚铊	碳酸铊	1707	—	6533-73-9
6	2647	乙酸亚铊	乙酸铊;醋酸铊	1707	—	563-68-8
7	116	丙二酸铊	丙二酸亚铊	1707	—	2757-18-8
8	2161	五氧化二钒	钒酸酐	2862	五氧化二钒，非熔凝状态的	1314-62-1
9	1858	三氯氧磷	氧氯化磷;氯化磷酰;磷酰氯;三氯化磷酰;磷酰三氯	1810	三氯氧化磷	10025-87-3
10	1841	三氯化磷	氯化磷,氯化亚磷	1809	三氯化磷	7719-12-2
11	2476	亚硒酸钠	亚硒酸二钠	2630	—	10102-18-8
12	1769	三氟化氯	—	1749	三氟化氯	7790-91-2
13	1770	三氟化硼	氟化硼	1008	三氟化硼	7637-07-2
14	2116	羰基氟	碳酰氟;氟化碳酰	2417	碳酰氟	353-50-4
15	1333	六氟丙酮	全氟丙酮	2420	六氟丙酮	684-16-2
16	1497	氯磺酸	氯化硫酸;氯硫酸	1754	氯磺酸(含或不含三氧化硫)	7790-94-5
17	695	*O*,*O*′-二乙基硫代磷酰氯	二乙基硫代磷酰氯	2751	二乙基硫代磷酰氯	2524-04-1
18	540	α,α-二氯甲苯	二氯化苄;二氯甲基苯;苄叉二氯	1886	二氯甲基苯	98-87-3
19	637	二氧化氮	—	1067	四氧化二氮(二氧化氮)	10102-44-0
20	1478	α-氯化筒箭毒碱	氯化南美防己碱;氢氧化吐巴寇拉令碱;氯化箭毒块茎碱;氯化管箭毒碱	1544	—	57-94-3
21	984	4,9-环氧,3-[(2-羟基-2-甲基丁酸酯)15-(*S*)-2-甲基丁酸酯],[3β(*S*),4α,7α,15α(*R*),16β]-瑟烷-3,4,7,14,15,16,20-庚醇	杰莫灵	1544	—	63951-45-1
22	28	(2-氨基甲酰氧乙基)三甲基氯化铵	氯化氨甲酰胆碱;卡巴考	2811	—	51-83-2
23	2767	正丁腈	丙基氰	2411	丁腈	109-74-0
24	2698	异丁腈	异丙基氰	2284	异丁腈	78-82-0
25	143	2-丙烯腈[稳定的]	丙烯腈;乙烯基氰;氰基乙烯	1093	丙烯腈，稳定的	107-13-1
26	1101	2-甲基丙烯腈[稳定的]	异丁烯腈	3079	甲基丙烯腈，稳定的	126-98-7
27	1430	3-氯丙腈	β-氯丙腈;氰化-β-氯乙烷	2810	—	542-76-7
28	1099	甲基苄基亚硝胺	*N*-甲基-*N*-亚磷基苯甲胺	2810	—	937-40-6
29	2680	乙酰替硫脲	1-乙酰硫脲	2811	—	591-08-2
30	1376	六亚甲基亚胺	高哌啶	2493	六亚甲基亚胺	111-49-9
31	2485	*N*-亚硝基二甲胺	二甲基亚硝胺	2810	—	62-75-9
32	193	碘甲烷	甲基碘	2644	甲基碘	74-88-4
33	733	1-氟-2,4-二硝基苯	2,4-二硝基-1-氟苯	2811	—	70-34-8
34	544	二氯醛基丙烯酸	粘氯酸;二氯代丁烯醛酸;糠氯酸	2923	—	87-56-9
35	565	3,4-二羟基-α-[(甲氨基)甲基]苄醇	肾上腺素;付肾碱;付肾素	3249	—	51-43-4

续表

序号	危险化学品目录序号	品名	别名	UN编号	正确运输中文名称	CAS号
36	1383	3-氯-1,2-丙二醇	α-氯代丙二醇；3-氯-1,2-二羟基丙烷；α-氯甘油；3-氯代丙二醇	2810	—	96-24-2
37	2011	2,5-双(1-吖丙啶基)-3-(2-氨甲酰氧-1-甲氧乙基)-6-甲基-1,4-苯醌	卡巴醌	3249	—	24279-91-2
38	521	1,3-二氯丙酮	α,γ-二氯丙酮	2649	1,3-二氯丙酮	534-07-6
39	1427	2-氯苯乙酮	氯乙酰苯；氯苯乙酮；苯基氯甲基甲酮；苯酰甲基氯；α-氯苯乙酮	1697	氯乙酰苯，固体的	532-27-4
40	1632	1-羟环丁-1-烯-3,4-二酮	半方形酸	2927	—	31876-38-7
41	2043	1,1,3,3-四氯丙酮	1,1,3,3-四氯-2-丙酮	2929	—	632-21-3
42	955	2-环己烯-1-酮	环己烯酮	2929	—	930-68-7
43	638	二氧化丁二烯	双环氧乙烷	2929	—	298-18-0
44	1510	氯甲酸氯甲酯	—	2745	氯甲酸氯甲酯	22128-62-7
45	92	N-(苯乙基-4-哌啶基)丙酰胺柠檬酸盐	枸橼酸芬太尼	1544	—	990-73-8
46	212	碘乙酸乙酯	—	2927	—	623-48-3
47	423	3,4-二甲基吡啶	3,4-二甲基氮杂苯	2929	—	583-58-4
48	1428	2-氯吡啶	—	2822	2-氯吡啶	109-09-1
49	17	4-氨基吡啶	对氨基吡啶；4-氨基氮杂苯；对氨基氮苯；γ-吡啶胺	2671	氨基吡啶类(邻-,间-,对-)	504-24-5
50	101	2-吡咯酮	—	2810	—	616-45-5
51	252	杜廷	羟基马桑毒内酯；马桑苷	3249	—	2571-22-4
52	1461	氯化二烯丙托锡弗林	—	3249	—	15180-03-7
53	26	5-(氨基甲基)-3-异噁唑醇	3-羟基-5-氨基甲基异噁唑；蝇蕈醇	1544	—	2763-96-4
54	492	二硫化二甲基	二甲二硫；二甲基二硫；甲基化二硫	2381	二甲二硫	624-92-0
55	1634	N-3-[1-羟基-2-(甲氨基)乙基]苯基甲烷磺酰胺甲磺酸盐	酰胺福林-甲烷磺酸盐	3249	—	1421-68-7
56	408	8-(二甲基氨基甲基)-7-甲氧基氨基-3-甲基黄酮	二甲弗林	3249	—	1165-48-6
57	1739	三-(1-吖丙啶基)氧化膦	三吖啶基氧化膦	2501	三-(1-丫丙啶基)氧化膦溶液	545-55-1
58	1076	O-甲基-O-(2-异丙氧基甲酰基苯基)硫代磷酰胺	水胺硫磷	2811 2783	— —	24353-61-5
59	350	O-{4-[(二甲氨基)磺酰基]苯基}-O,O-二甲基硫代磷酸酯	伐灭磷	2783	—	52-85-7
60	678	O,O-二乙基-S-[N-(1-氰基-1-甲基乙基)氨基甲酰甲基]硫代磷酸酯	S-{2-[(1-氰基-1-甲基乙基)氨基]-2-氧代乙基}-O,O-二乙基硫代磷酸酯；果虫磷	3018	—	3734-95-0
61	397	O,O-二甲基-S-(2-甲硫基乙基)二硫代磷酸酯(Ⅱ)	二硫代田乐磷	3018	—	2587-90-8
62	681	O,O-二乙基-S-乙基亚磺酰基甲基二硫代磷酸酯	甲拌磷亚砜	3018	—	2588-03-6
63	657	O,O-二乙基-O-(2,2-二氯-1-β-氯乙氧基乙烯基)-磷酸酯	彼氧磷	2784	—	67329-01-5

续表

序号	危险化学品目录序号	品名	别名	UN编号	正确运输中文名称	CAS号
64	2040	四磷酸六乙酯	乙基四磷酸酯	1611	四磷酸六乙酯	757-58-4
65	836	挂-3-氯桥-6-氰基-2-降冰片酮-*O*-(甲基氨基甲酰基)肟	肟杀威	2757	—	15271-41-7
66	1080	*O*-(甲基氨基甲酰基)-1-二甲氨基甲酰-1-甲硫基甲醛肟	杀线威	2757	—	23135-22-0
67	382	3-[2-(3,5-二甲基-2-氧代环己基)-2-羟基乙基]戊二酰胺	放线菌酮	2588	—	66-81-9
68	1907	2,4,6-三亚乙基氨基-1,3,5-三嗪	曲他胺	3249	—	51-18-3
69	1311	硫酸二甲酯	硫酸甲酯	1595	硫酸二甲酯	77-78-1
70	781	氟乙酸-2-苯酰肼	法尼林	2588	—	2343-36-4
71	2678	3-(α-乙酰甲基苄基)-4-羟基香豆素	杀鼠灵	3027	—	81-81-2
72	515	3,4-二氯苯基偶氮硫脲	3,4-二氯苯偶氮硫代氨基甲酰胺;灭鼠肼	2757	—	5836-73-7
73	1590	1-萘基硫脲	α-萘硫脲;安妥	1651	萘硫脲	86-88-4
74	1411	2-氯-4-二甲氨基-6-甲基嘧啶	鼠立死	2588	—	535-89-7
75	928	海葱糖甙	红海葱甙	2810	—	507-60-8
76	177	地高辛	地戈辛;毛地黄叶毒苷	3462	—	20830-75-5
77	728	放线菌素D	—	3249	—	50-76-0
78	727	放线菌素	—	—	—	1402-38-6
79	1111	甲基狄戈辛	—	—	—	30685-43-9
80	2753	赭曲毒素	棕曲霉毒素	3462	—	37203-43-3
81	2754	赭曲毒素A	棕曲霉毒素A	3462	—	303-47-9
82	2827	左旋溶肉瘤素	左旋苯丙氨酸氮芥;米尔法兰	2811	—	148-82-3
83	1580	木防己苦毒素	苦毒浆果(木防己属)	2811	—	124-87-8
84	2016	丝裂霉素C	自力霉素	3249	—	50-07-7
85	398	*O*,*O*-二甲基-*S*-(2-乙硫基乙基)二硫代磷酸酯	甲基乙拌磷	3018	—	640-15-3

说　明

《内河禁运危险化学品目录》各栏目的含义：

1. “序号”是指本目录中化学品的顺序号。

2. “危险化学品目录序号”是指《危险化学品目录》中化学品的顺序号。

3. “品名”是指根据《化学命名原则》标准确定的危险化学品品名。

4. “别名”是指除“品名”以外的其他名称，包括通用名、俗名等。

5. “UN编号”是指联合国危险货物运输专家委员会在《关于危险货物运输的建议书》中对危险货物指定的编号。在目录中标注2个UN号是指该化学品2种不同形态危险货物指定的编号。

6. “正确运输中文名称”是指国际海事组织在《国际海运危险货物规则》中明确的危险货物正确运输名称。

7. “CAS号”是指美国化学文摘社对化学品的唯一登记号。